科学世界大探索丛书

YUZHOU XINGKONG

徐井才◎主编

宇宙星空

北京出版集团公司
北京教育出版社

图书在版编目(CIP)数据

宇宙星空/徐井才主编. —北京:北京教育出版社,2012.9
(科学世界大探索丛书)
ISBN 978 - 7 - 5522 - 1108 - 5

Ⅰ.①宇…　Ⅱ.①徐…　Ⅲ.①宇宙－少儿读物　Ⅳ.①P159 - 49

中国版本图书馆 CIP 数据核字(2012)第 222423 号

宇宙星空

徐井才　主编

*

北京出版集团公司
北京教育出版社 出版
(北京北三环中路 6 号)

邮政编码:100120

网址:www.bph.com.cn

北京出版集团公司总发行

全 国 各 地 书 店 经 销

永清县晔盛亚胶印有限公司印刷

*

710×1000　16 开本　10 印张　90000 字
2012 年 9 月第 1 版　2012 年 9 月第 1 次印刷

ISBN 978 - 7 - 5522 - 1108 - 5
定价:29.80 元

目 录

神秘宇宙

太阳家族

天文探索

神秘宇宙

宇宙大爆炸

研究宇宙的产生和演化的学说，就是宇宙学说。关于宇宙、太阳、地球等天体的形成，科学家们提出了许多种说法。宇宙大爆炸学说，是现代宇宙学中很有影响力的学说。宇宙大爆炸学说认为，我们所观察到的宇宙，在其孕育的初期，集中于一个体积很小、温度极高、密度极大的原始火球中。在150亿至200亿年前，原始火球发生大爆炸，从

4. 30万年后，电子开始绕核旋转以形成原子，宇宙中充满了光。

5. 10亿年后，引力把物质拉到一起形成了星系。

6. 150亿年后，今天我们所见到的一直在膨胀着的宇宙。

3. 3分钟后，质子和中子结合在一起形成了氢核和氦核。

2. 不足1秒之后，温度开始下降，质子和中子形成了。

1. 大爆炸的发生。

此开始了我们所在的宇宙的诞生史。宇宙原始大爆炸后0.01秒，宇宙的温度大约为1000亿℃。物质存在的主要形式是电子、光子、中微子。以后，物质迅速扩散，温度迅速降低。大爆炸后1秒钟，下降到100亿℃。大爆炸后14秒，温度约30亿℃。大爆炸35秒后，为3亿℃，此时化学元素开始形成。以后，温度不断下降，原子不断形成，宇宙间弥漫着气体云。它们在引力的作用下，形成恒星系统，恒星系统又经过漫长的演化，成为今天的宇宙。这种学说有什么根据呢？这种学说认为，宇宙从原始大爆炸到现在，还在不停地扩散，这与天文学观察的宇宙膨胀相一致。它还预言，宇宙大爆炸后在宇宙中留下一点余热。但是，这种学说只是说明150亿至200亿年我们所在的宇宙产生的过程。在此之前，我们所在的宇宙是怎样的，我们这个"宇宙"之外的"宇宙"又是怎样的，它并没有作出科学的说明。人们正在努力寻求更加完善的宇宙理论。

人们自古以来就对星空充满了好奇，一直也没有停止探索宇宙的脚步，其间充满了坎坷，有人甚至付出了生命的代价。虽然较之过去，我们对宇宙的认识有了长足的进步，但所知与未知相比，无疑是沧海一粟。

宇宙正在不断地扩大

▲ 卫星

我们的宇宙如同礼花扩散一样，正以飞快的速度远离银河系，向外延伸。星系间的空间也在不断地扩大。

有位科学家曾打过这样一个比喻，他说："如果把星系比作葡萄干，那么，宇宙就是一个已经烤好了的正在膨胀着的葡萄干面包。"意思是说，葡萄干的大小并没有变，而是空间（面包）在扩大。

宇宙扩展的速度叫做哈勃常数，相当于100万光年，1秒钟就是18.4千米，因此，在1千万光年的星系附近，1秒钟就是184千米。那么，距离约200万光年的仙女座星团是多少呢？请你算一下。1秒钟应该是大约37千米。不过，星系自身的速度一般来说会更快些，仙女星座团也许正在向银河系靠近呢。

▲ 宇宙自爆炸以来一直在不断膨胀。

宇宙的样子

历史上有很长一段时间，人们都认为地球是宇宙的中心，太阳、星星都围绕地球运转。各地人民对宇宙样子的描述都有自己民族文化的影子。

古印度人认为宇宙由三头大象支撑着。三头巨象乘坐在毗湿奴之神化身的巨大龟背上，象动时就会发生地震，而那些大龟坐在化身为水的眼镜蛇上，与眼镜蛇长长的尾端连接的地方则为天境。

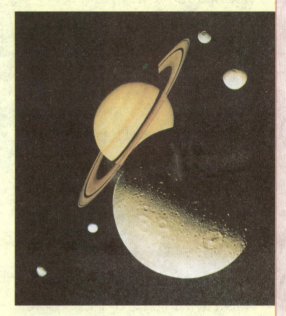

△ 宇宙天体

△ 欧洲宇航局公布普朗克望远镜拍摄的首张宇宙图片。

5

古希腊人相信宇宙中所有物质都由火、气、水、地四种元素组成。天体是像透明的玻璃一样附着在56个天球上，不断旋转，地球位于中心。掌管宇宙的神都住在距离雅典娜240千米远的奥林匹斯山上。

玛雅人认为世界是被水包围着的大圆盘，围着圆盘的水与天成为一体，天神用手臂支撑着世界。

中国古代的宇宙观出现过"盖天说"与"浑天说"。盖天说坚持"天圆地方"，它认为：天是圆形的，像一把张开的大伞覆盖在地上；地是方形的，像一个棋盘，日月星辰则像爬虫一样过往天空。浑天说最初认为：地球不是孤零零地悬在空中的，而是浮在水上；后来又有发展，认为地球浮在气中，因此有可能回旋浮动。

🔺 地球就是有限而无边的。

发展到近代，哥白尼推翻了地球中心说，提出太阳中心说：地球和其他行星都围绕着太阳转动，恒星则镶嵌在天球的最外层上。布鲁诺进一步认为，宇宙没有中心，恒星都是遥远的太阳。两人观点的一个共同之处是宇宙是有限而均匀的。随着科技的发展，这一观点已被推翻。

如今，有的科学家认为宇宙是有限而无边的。举例来说，在地球上，无论从南极走到北极，还是从北极走到南极，永远都不会走到地球的边界，但显然不能由此认为地球是无限的，宇宙也是如此。还有的科学家认为宇宙是膨胀而脉动的，同样也有其合理及局限的地方。宇宙究竟是什么样的，现在也没有定论。

宇宙的尽头

每当人们翘首仰望茫茫太空、神驰遐想之时，总是有人要提出这样的疑问：宇宙究竟有多大？有没有尽头呢？

在太阳的周围，有地球、金星、火星、木星等大小不同的8大行星在不停地运转，这就是太阳系。那么在太阳系以外又是一个怎样的世界呢？那是一个聚集着1000多亿颗各类恒星的银河系。银河系像一块铁饼，直径为8万光年，中心部分厚度为1.2万光年。如果飞出银河系，又会到什么地方呢？在那里，有无数像银河系一样的世界，叫做星云。与银河系邻近的是仙女座流星群。这个流星群和银河系大小、形态大致相同，大约聚集着3000亿~4000亿颗恒星。

1929年，美国的哈佛尔发现：所有星云正离我们远去。比如离我们约2.5亿光年的星座星云以每秒6700千米的速度，5.7亿光年外的狮子座星云以每秒19500千米的速度，12.4亿光年外的牵牛座星云以每秒39400千米的惊人速度，纷纷离我们远去。

照这样持续下去，星云到达100亿光年处时其运行速度将达每秒300000千米，这和光的速度相等。这样，

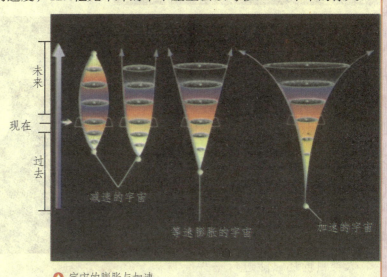

▲ 宇宙的膨胀与加速

△ 星空

所有星云的光就永远照射不到我们地球上来了。因此，100亿光年的地方将是我们所能见到的宇宙的尽头。再远处还有星云，但是由于光无法到达，我们也就无法观测了。当然这是一家之言，还有其他不同的解释。有人认为，宇宙呈气球型，它像气球一样不断膨胀，其中有些星云随之离我们远去。但到一定的时候，气球又会缩小，星云也会随之接近我们。还有人提出，宇宙是马鞍形，它如同马鞍，不断地朝着鞍的四个边缘方向扩展。按照这一解释，在遥远的将来，星星将逐渐远离，夜空会变得单调寂寥。不过，有人对此持不同意见，认为宇宙是永恒的。虽然它会无限地扩展，但在扩展了的空间里还会产生新的星球，无论宇宙再怎样膨胀，还是会增加新的星球家族。因此，宇宙空间不会荒寂。宇宙的尽头究竟在哪里，人类目前还只能进行一些推测。

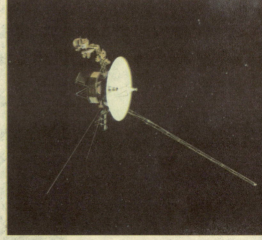

△ 卫星

天上有多少颗星星

晴朗的夜晚，满天星斗闪烁着光芒，像无数银钉密密麻麻地镶嵌在深黑色的夜幕上，闪闪发光。

站在地球上的人们，至多只能见到头顶上的半个天空，所以我们通常所见的星星不过3500颗左右。

但是，肉眼可见的星星，并不是天上实际的星星数。宇宙中的实际星星数的确是一个天文数字。这只要用望远镜看一下就可明白。望远镜中的星星比肉眼所看见的星星的数目成倍地增加，而且所用的望远镜倍数越大，能见到的星星就越多。例如，若用美国帕洛玛山上的直径5米的大望远镜，可以看到将近20亿颗星星。

星 系

　　星系，简单地理解，就是无数本身能发光发热的天体所组成的一个集合体。我们熟悉的银河系也只是其中一个普通的星系。经过观测研究，天文学家们认为，在人类可以看见的可观测宇宙中，星系的总数超过了1千亿。多数的星系都不是孤立存在的，它们会组织成更大的群或团。不同的星系间大小差异很大。

　　关于星系的产生，说法不一，比较被人们接受的有两种，一种学说认为，星系是在数亿年前的一次宇宙大爆炸中形成的；另一种学说则认为，星系是由宇宙中的微尘所形成的。如果根据星系形状将其分类，那么通常包括旋涡星

★ 星系

▲ 旋渦星系

系、椭圆星系、棒旋星系、不规则星系等。

旋涡星系是目前观测到的数量最多、外形最美丽的一种星系，它的外形看起来和它的名字一样，就像水中的旋涡一样，一般是从核心部分螺旋式地伸展出几条旋臂，形成旋涡形态和结构。银河系、仙女座星系、大熊星座等，都是具有代表性的旋涡星系。旋臂的形状像树木的年轮一样，从中可以看出星系的年龄。旋臂越是明显松散，星系的年龄就越小。

椭圆星系属于河外星系的一种，通常看起来都是黄色或红色的，外形和它的名字一样，大都是椭圆形的，一般中心部分最亮，边缘渐暗。一般分为"盒状的"和"盘状的"两种物理类型。椭圆星系的特点是：多不规则运动；年老的恒星多，年轻的恒星很少，疏散星团的数量也不多，球状星团多。

棒旋星系的主体像一条长长的棍棒，棒的两端，有向不同方向伸展的

知识链接

伴星系

群星璀璨的星系也和单个的星星类似，常常三五成群地聚在一起。与双星、聚星和星团类似，我们称它们为"双重星系"、"星系群"和"星系团"。我们把双重星系中较大的叫做主星系，较小的称为伴星系。到目前为止，人类确定的只有25个凌乱的伴星系在银河系外围飘泊流浪，我们看到的  伴星系只有预计的1%。目前很多天文学家在研究伴星系，涉及万有引力以及它们的运行速度等问题，关于伴星系的种种谜团仍待解决。

🔺 椭圆星系

旋臂。这类星系有的很像旋涡星系，有的则和不规则星系相仿。棒旋星系有许多基本问题尚待解决，如棒状结构是怎样形成的，它在星系演化过程中起什么作用等。

　　不规则星系，就是有不规则形状的星系，它们既没有旋涡的结构，也没有椭圆的形态。另外，很多星系是由两种或几种形状混合在一起的，如有的星系外围是旋涡状，中心是棒状，这些都归类为不规则星系。多数的不规则星系可能曾经是旋涡星系或椭圆星系，但是因为重力的作用受到破坏而变形。

银河系

　　晴朗的夏夜，繁星闪烁，银河像一条明亮的丝带，在天空中从东北向南舒展开来。银河系中密集的群星发出耀眼的光芒，使银河呈现出无比壮丽的景象。我们看到的银河是银河系中的一部分，而银河系是宇宙中众多星系中的一个。

　　银河系是太阳系所在的恒星系统，包括1000亿颗以上的恒星和大量的星团、星云，还有各种类型的星际气体和星际尘埃。银河系比太阳系大得多，它里面的恒星数目多达千亿颗，太阳系也在其中，太阳只是银河系中一颗微不足道的恒星。银河系是一个中间厚、边缘薄的扁平盘状体，银盘

○ 银河系侧视图

△ 太阳在银河系中的位置

的直径约8万光年，中央厚约1.2万光年。太阳系居于银河系边缘，距银河系中心约3万光年。

根据已知长寿命放射性核的衰变时间，我们可以推测出银河系的年龄。银河系中的第一代恒星具有非常大的质量，超过太阳质量的100倍。在这样的恒星内部，核聚变反应极其快速，甚至只持续几百万年，因此，这些最早形成的恒星已经死亡、消失了很长时间。但是，它们的年龄显然与银河无法相比。科学家经过繁杂的计算和观测，估计银河系的年龄约为136亿岁，差不多与宇宙一样老。

银河系在天空中的投影像一条流淌在天上闪闪发光的河流，所以古称银河或天河。我们一年四季都可以看到银河，只不过夏秋之

△ 银河系侧视图

▲ 北半球夏夜的银河系

交才可以看到银河最明亮壮观的部分。银河在天空明暗不一，宽窄不等。最窄只有4°~5°，最宽约30°

银河系的总体结构是：银河系物质的主要部分组成一个薄薄的圆盘，叫做银盘，银盘中心隆起的近似于球形的部分叫核球。在核球区域恒星高度密集，其中心有一个很小的致密区，称银核。银盘外面是一个范围更大、近于球状分布的系统，其中物质密度比银盘中低得多，叫做银晕。银晕外面还有银冕，它的物质分布大致也呈球形。最新研究发现银河系可能只有两条主要旋臂，人马臂和矩尺臂绝大部分是气体，只有少量恒星点缀其中。

✦ 星 团

小朋友们是不是更喜欢和很多小伙伴一起玩呢？其实，宇宙中的恒星也一样，它们不喜欢一个一个单独地"生活"，往往采用集结成群的方式分布。我们把恒星数在十个以上而且在物理性质上相互联系的星群叫做"星团"。

星团的命名大都是采用相应的星表中

△ 星 团

的号码。个别的亮星团则有自己的专门名称，如昴星团、毕星团等。

星团按形态和成员星的数量可以分为两类:疏散星团和球状星团。

疏散星团是由十几颗到几千颗恒星组成的，一般形状不规则，成员星分布得较为松散，主要分布在银道面，因此也叫做银河星团，主要由蓝巨星组成，例如昴星团。

有些疏散星团很年轻，与星云在一起，甚至有的还在形成恒星。银河系的旋臂区域是非常活跃的恒星形成区，到目前为止，我们在银河系中发现的疏散星团有1000多个，它们多集中在银道面的两旁。少数的疏散星团用肉眼就可以看见，更远的疏散星团无疑是存在的，它们或者处于密集的银河背景中不能辨认，或者受到星际尘埃云遮挡无法看见。据推测，银河系中疏散星团的总数有1万到10万个。

七姊妹星团

🔺 星团中蓝色的行星往往比较年轻，质量很大。

　　球状星团是银河系中最为古老的天体之一，通常由上万颗到几十万颗恒星组成的，一般整体呈球形或扁球形，分布上遵循中心密集的规律。球状星团中没有年轻恒星，成员星的年龄一般都在100亿年以上，甚至有较多

知 识 链 接

昴宿星团

　　简称昴星团、又称七姊妹星团，星团的半径大约是8光年，而潮汐半径达到43光年。它们主要是年轻、高温的蓝色星，依据观测环境的不同，裸眼最多能看见14颗亮星。最明亮的恒星排列有些类似于大熊座和小熊座，星团的总质量估计大约是太阳质量的800倍，星团内有许多棕矮星，质量低于太阳的8%，在核心没有足够的温度和压力引发核融合成为真正的恒星。它们的数量大约占星团成员的25%，但质量却低于总质量的2%。它是一个很年轻的星团，也是一个移动星团。

🔺 星系附近的疏散星团

死亡的恒星。目前人们在银河系中已发现的球状星团有150多个。球状星团并不向银道面集中，而是向银河系中心集中。它们离开银河系中心的距离

知识链接

毕星团

　　毕星团是疏散星团之一，位于金牛座，因其几颗亮星构成二十八宿中的毕宿，因此称为毕星团。成员星数在 300 个以上，总质量约300个太阳质量，几乎为球形，视直径约15°、线直径约10秒差距。其中心离太阳约44秒差距，年龄约4亿年，比昴星团年老一些。毕星团的中心同太阳的距离为44秒差距，约130光年，是离我们最近的成员星较多的星团。

极大多数在6万光年以内，只有很少数分布在更远的地方。球状星团的光度大，在很远的地方也能看到，而且被浓密的星际尘埃云遮掩的可能性不大。球状星团为我们研究银河系早期的恒星形成和演化过程提供了重要的线索，也为我们提供了银河系中的物质分布情况。

有些银河星团内的成员星自行速度和方向很相近，看起来很像是从一个辐射点分散开来或者是向一个会聚点会集，人们把这种可定出辐射点或会聚点的星团被称为移动星团。已知的移动星团有毕宿星团、昂宿星团、大熊星团、鬼宿星团、英仙星团、天蝎一半人马星团和后发星团等七个星团。

星 云

很早以前，人们通过天文望远镜发现了一些像雾一样，但是却会发光的天体，因为最初的望远镜分辨率不高，所以河外星系和一些星团看起来呈云雾状，于是人们就把它们称为星云。后来随着天文望远镜的发展，人们的观测水准不断提高，就把原来的星云划分为星团、星系和星云三种类型。

🔺 蝴蝶状星云

⬥ 行星状星云

⬥ 火焰状星云

星云常根据它们的位置或形状命名，例如：猎户座大星云、天琴座大星云。星云可以分为河外星云和河内星云，虽说都叫星云，但是本质却是完全不同的。河外星云指的是银河系外面的星云，更准确地说应该叫河外星系。虽然看上去它们只是一个个小小的斑点，但实际上却和银河系一样，是由几亿、几百亿甚至几千亿颗恒星组成的一个巨大的恒星系统，但是因为它们离我们非常遥远，所以我们只能看到状似斑点的大小。其实真正意义上的星云应该是银河系范围内的星云，它们是由极其稀薄的气体和尘埃组成的，可以分成弥漫星云、行星状星云以及尚在不断向四周扩散

▲ 女巫头弥漫星云

▼ 船底座弥漫星云

23

🔺 星云里的物质密度是很低的,可是体积却十分庞大,常常方圆达几十光年。所以,一般星云较太阳要重得多。星云的形状是多姿多态的。

的超新星剩余物质云，也被称为超新星遗迹。

星云和恒星有着"血缘"关系。恒星抛出的气体将成为星云的部分，星云物质在引力作用下压缩成为恒星。在一定条件下，星云和恒星是能够互相转化的。同恒星相比，星云具有质量大、体积大、密度小的特点。一个普通星云的质量至少相当于上千个太阳，半径大约为10光年。

弥漫星云的形状一般都很不规则，没有明显的边界，虽然它们体积很大，但是密度却极小，如果附近有很亮或者温度很高的行星的话，它们就会被照亮或者是激发出光来。根据这一点，有很多人认为星云其实是恒星的"原材料"，比较有代表性的猎户座星云，人们在那里发现了不少正在形成或是刚刚形成的恒星。

行星状星云是一种十分有趣的天体，它的样子有点像吐的烟圈，中心是空的，而且一般都是中间有一个温度高达几万摄氏度的恒星，四周则是一个发亮的圆环，有人猜测这是许多年前恒星在某次爆发时抛出的气体层，就像是物体的外壳一样。行星状星云比弥漫星云小得多。

星　座

星星有的距我们近，有的距我们远，距离各不一样。星星的排列呈现出各种各样的形状，这是一种偶然。古代的人们，没有像现在这样的娱乐活动，但是，那时的夜空美丽而洁净，他们在耕作和牧羊回来的路上，由天上闪烁的星星的排列位置，联想到故事中的主人公、动物、用具等的形状，并以此给星星命名，这就是星座的起源。

猎户座是明星荟萃之地，因此是天空中最明亮最华丽的星座。冬季上半夜，当银河从东南向西北横跨夜空时，在银河西岸的金牛座和大犬座之间，可以看见三颗间隔相等的较亮星排成一条直线，在这三颗星的外围又有四颗亮星组成一个长方形框，方框的对角线中心恰好是三星的中间那颗星，这个长方框以及它周围的星空就是猎户座。整个猎户座的形状就像一个雄赳赳站着的猎人，昂首挺胸，十分壮观。

仙后座是北天星座，代表着埃

猎户座

塞俄比亚皇后卡西欧佩亚。它是国际天文学联合会88个现代星座之一，也是古希腊天文学家托勒密列出的48个星座其中的一个。仙后座基本上全年都出现在北方，典型的识别标志是由5颗星构成的一个"W"形状。虽然仙后座中特别明亮的星星只有清的却至少有

仙后座

六七颗，但是可以用肉眼看得一百多颗，因此仙后座是一个可以与北斗星媲美的星座。

小熊座远看就像是一只熊，它是距北天极最近的星座。小熊座不是一个明亮的星座，但是由于其具有北极星而非常闻名。北极星是这个星座最主要的星，是"小熊"的尾巴尖。观察小熊座的最佳季节

小熊座

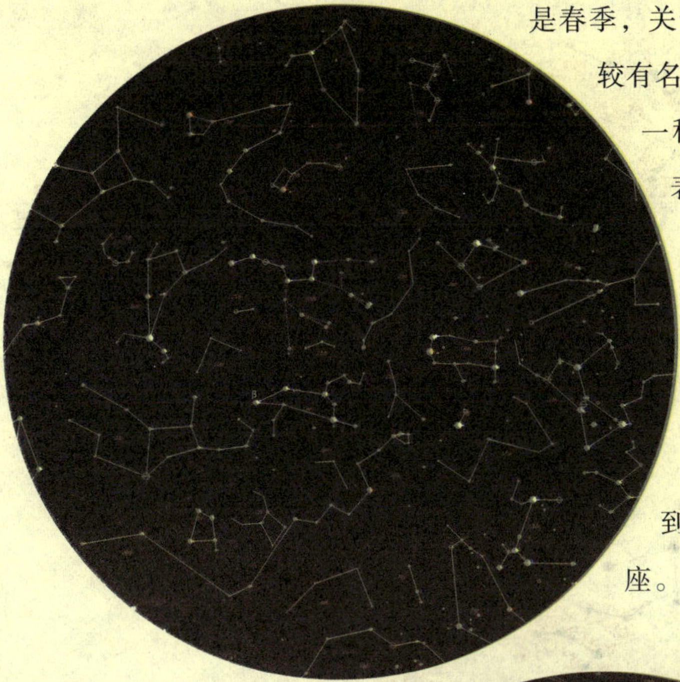

是春季，关于小熊座的两个比较有名的神话传说如下：

一种说法是小熊座代表抚养宙斯的其中一个女神。另一个说法是小熊座代表宙斯的儿子阿卡。

我们常常会听到有人提起黄道星座。黄道星座就是在星

△ 北半球春季星空图

星之间移动的，并且处在黄道上的星座。地球绕太阳公转1周需要1年。在阳光照射的白天，只要不是日全食的日子，就看不见其背景的星座。但是，如果观察黎明时出现在东方的星座，黄昏时出现在西方的星座，我们就可以知道，太

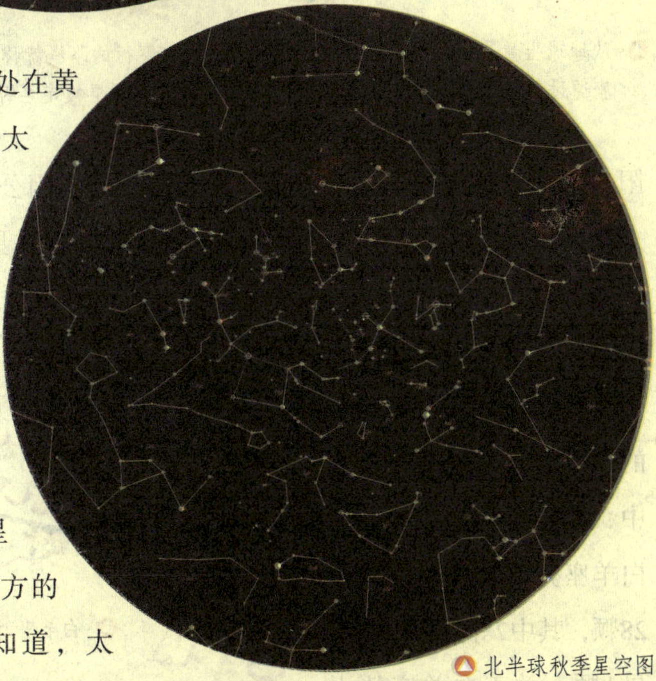

△ 北半球秋季星空图

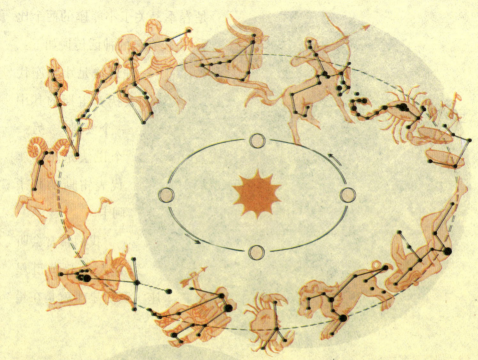

从地球上看，太阳一年都穿行在星星之间。太阳穿行的路线就称为"黄道"。一年内有12个星座通过黄道，故称做"黄道12星座"。黄道12星座是最早被定名的星座。

阳是以什么星座的星星为背景而发光的。地球因公转变换了位置，看上去就好像太阳在星空向东运行，花费1年时间就在星座之间转1周，这条路线就是黄道。

白羊座位于双鱼座和金牛座之间，占全天面积的1.07%，在全天88个星座中，面积排行第三十九。白羊座亮于5.5等的恒星有28颗，其中2等星1颗，3等星1颗。关于白羊座的由

白羊座

来有很多传说，其中之一是：特沙里亚罢黜皇后妮菲蕾，另娶伊娜为妃。伊娜虐待前妻的子女，视他们为眼中钉，费尽心机地要除之而后快。妮菲蕾获知后，向天神借了一对金色的白羊，要救两兄妹出苦海。但在逃亡过程中，妹妹历受海涛声的惊吓，不慎坠入海中溺死。最后，白羊因救人的善行，被宇宙之神宙斯放置在天上，成为白羊星座。

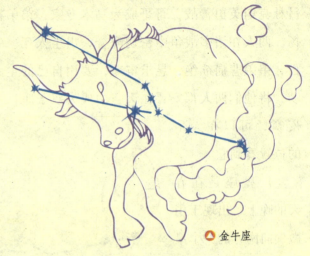

⬦ 金牛座

🔺 双子座

金牛座是北半球冬季夜空中最大、最显著的星座之一。它西接白羊座、东连双子座；北面是英仙柏修斯及御夫座，西南面有猎户奥瑞恩，东南面则有波江座及鲸鱼座。在1月下旬黄昏时的南方天空可以看见金牛座，它像一只低头的金牛，其中有一颗最明亮的银星就是金牛的右眼。在希腊传说中，金牛座是宙斯曾化作的金牛，后被列入群星座之一。

传说孪生兄弟卡斯托尔和波

吕杜克斯英勇善战，哥哥成为马术专家，弟弟精于射箭、拳击，威名远扬。两人在诸多战争中密切配合，出生入死。一次战斗中，哥哥受伤身亡，弟弟悲痛欲绝，恳求宙斯，要用自己的生命赎回哥哥。宙斯深受感动，将他们两人都安置在天空中成为双子座，永不分离。冬天的黄昏到夜晚，可以在天顶的位置看到它。

巨蟹座是在春天的晚上，出现于稍微偏向南方的一个星座，样子像螃蟹伸出的脚爪。巨蟹座是黄道12星座中最暗的一个，座内最亮星只有93.8米，根本看不出螃蟹的形状。在希腊

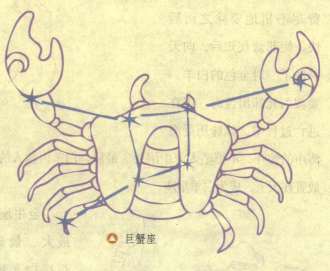

▲ 巨蟹座

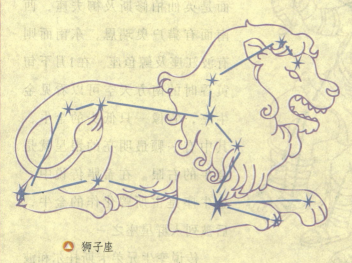

▲ 狮子座

神话中，巨蟹座的由来与战神赫拉克勒斯有关。赫拉克勒斯受命除掉伤害人畜的九头水蛇许德拉，在激烈的战斗中，将许德拉的一只巨蟹杀死。赫拉非常憎恨这位英雄，把巨蟹放在天

上成为星座。二三月的夜晚，在南方天空可以看见巨蟹星座。

狮子座位于处女座与巨蟹座之间，北面是大熊座和小狮座，南边是长蛇座、六分仪座和巨爵座。它是一个明亮的星座，在春季星空中很容易辨认。狮子座位于银河系北极方向附近，所以可以看到大量的河外星系。

传说海格列斯是天神宙斯的私生子，刚出生时，就遭到好嫉妒的天后赫拉的诅咒，因此一生要面临12项艰苦危险的考验。第一项就是与刀枪不入、力大无比的狮子搏斗。几经厮杀，英勇无畏的海格列斯最终将狮子杀死。于是宙斯把狮子升上天空，以炫耀海格列斯的战绩。人们可在四月下旬南方的天空中看到它。

处女座在狮子座之东。六月下旬的黄昏时刻，在南方天空可看见它，其象征图形是一名手持麦穗的少女，是以许多大小不同的星星而构成的少女模样。在希腊神话中，处女座的由来与农业女神得墨特尔的女儿普西芬妮有关。普西芬妮被冥王哈迪斯劫持到地下，得墨特尔见不到女儿，悲伤过度而使植物枯萎，大地寸草不生。宙斯看事态严重，便要求哈迪斯放走普西芬妮。不料，普西芬妮中计，吃了哈迪斯的4个石榴，结果被迫一年有4个月要留在冥界。这4个月就变成今日万物不宜耕种的冬天，而普西芬妮一回到人间就是春天，得墨特尔就是处女座的化身。

▲ 处女座

天秤座位于处女座的东南方向，在古希腊星座体系中，天秤座是天蝎座的一部分。后来古罗马人观测到秋分点的位置在某颗较亮星附近，就把这一区域从天蝎座中分离出来，以正义女神阿斯特莉亚的公平秤为之命名。

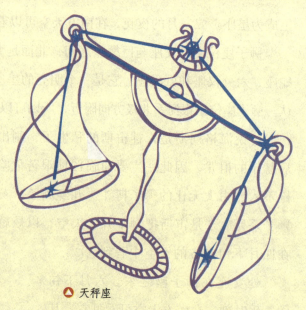
天秤座

阿斯特莉亚是宙斯与泰坦族的西弥斯之女。传说远古之时诸神们目睹了人间的自私与残暴，纷纷离开了人类，只剩下阿斯特莉亚继续留在人间，努力使人们回到和平时期，但结果事与愿违。于是她在绝望中带着天秤回到天上，继而产生天秤座。

天蝎座是夏天最显眼的星座，它里面亮星云集，格外引人注目。不过，天蝎座只在黄道上占据12个星座中黄道经过最了短短7°的范围，是短的一个。

波罗有一个儿子叫巴高傲。有一天，有个野顿说："你并非太儿子！"巴野顿气坏了，便要求驾驶父亲的太阳马车来证明自己的血统。阿波罗拗不过儿子，便答应了。巴野顿上了车，便将父亲嘱咐的注意事

传说太阳神阿野顿，美丽而人告诉巴阳神的

天蝎座

项忘得一干二净。结果弄得天昏地暗，人们苦不堪言。天后赫拉放出一支毒蝎，咬住了巴野顿的脚踝，宙斯则降雷霆，击毙了巴野顿，毒蝎也跟着死了。为了纪念毒蝎，这个星座就被命名为"天蝎座"。

射手座又叫做人马座，位于银河中最亮的区域。银河系中心就在人马座方向。射手座内有亮于4等的星20颗。这个星座中的天体主要是银河深处的宇宙天体，包括发射星云和暗星云、疏散星团和球状星团以及行星状星云。在希腊神话中，射手座是由被好友误杀的人马族成员奇伦形成的。

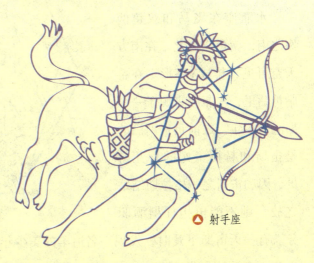
▲ 射手座

摩羯座也叫做山羊座，它出现在秋天夜空的西南方，其象征符号是摩

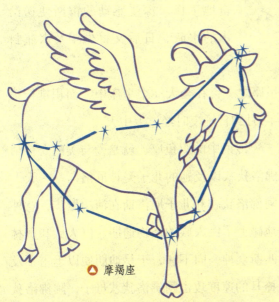
▲ 摩羯座

羯的头部与尾部。在希腊传说中，牧神潘丑陋而自卑，但心地善良。一次众神正设宴豪饮，突然看见森林里的多头百眼兽窜进了大厅！众神纷纷逃散，只有牧神临危不乱，救起一个弹竖琴的仙子。两人跑到天河尽头的湖泊中，逃过一劫。可惜湖泊中有可怕的魔法，被潘高举的仙子安然无事，但潘的下

半身已经变成了鱼！宙斯很感动，便以潘的形象创造了摩羯座。

水瓶座在飞马和双鱼两座之南，南鱼座之北。在南方天空可见，排成Y字形。在希腊神话里，水瓶座来源于一个斟酒的少年。之前负责斟酒的是宙斯和赫拉王妃的女儿赫贝，因和宙斯之子格拉斯结婚之故，她不能再担任斟酒职务。有一天宙斯下凡时，发现一名追羊的美少年，就化身为鹫将他抓住，

▲ 水瓶座卡通形象

少年更名为卡尼梅德斯，成为御用牧羊人。宙斯赐他永远年轻，可是却必须要终身担任斟酒职务。卡尼梅德斯觉得相当光荣，总是勤奋地工作。深受感动的宙斯便送给他一个装满智慧之水的水瓶，日后又将少年及水瓶封为天上的水瓶座。

双鱼座是黄道十四。双鱼座于每

▲ 双鱼座

星座之一，在全天88个星座中，面积排行第年9月27日子夜时经过上中天。

传说中的双鱼座，就是爱与美的女神阿佛洛狄忒以及她的儿子爱神厄洛斯。一天，阿佛洛狄忒和儿子厄洛斯在河边散步，意外地碰上了巨人族的怪物迪朋。巨人族和奥林匹斯众神一向不和，于是迪朋便以迅雷不及掩耳的速度攻击阿佛洛狄忒母子。阿佛洛狄

忒知道自己无法战胜他，便和厄洛斯一起跳入河中，化成两条鱼。这两条鱼就成了现在的双鱼座，一条代表精神，另一条则代表躯体。

恒 星

晴朗的夜空中，镶满了璀璨多彩的星星，它们大多是恒星。恒星的意思是"永恒不变的星"，这名字是很久以前起的，因为那时候天文学家们认为恒星在星空中的位置是固定不变的，

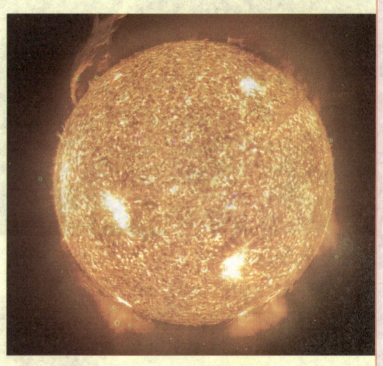

🔺 恒星像个炽热的火球

但是今天我们已经了解到，其实所有的恒星也都是高速运动着的，只是它们离我们太远了，以至于我们难以察觉到它们位置的变动。

恒星的体积比行星大得多，它们是由大团尘埃和气体组成的星云收缩而成的，其主要成分是氢，其次是氦。恒星是宇宙中的基本成员，它们诞生于太空中的星际尘埃，有着自己专属的生命史，从诞生、成长、衰老到死亡，它们色彩各异，大小不同，演化的历程也不尽相同。

🔺 发出蓝色光芒的恒星

　　每一颗恒星都是气体星球，在它们的内部，每时每刻都有许多"氢弹"在爆炸，使恒星像一个炽热的气体大火球，长期不断地发光发热。并且，越往内部，温度越高。恒星表面的温度决定了它的颜色。在没有云和光污染的夜晚，人们用肉眼大约可以看到六千多颗恒星，如果借助于望远镜则可以看到几十万乃至几百万颗以上，人们估计，整个银河系中大约有一二千亿颗恒星。

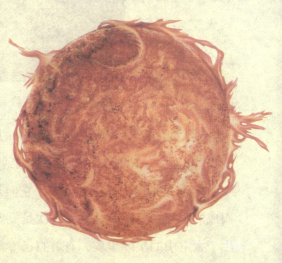

🔺 恒星设计图

❋ 恒星的颜色

恒星的颜色与其年龄及表面温度有关。主序星阶段颜色最为丰富，有白色、蓝色、黄色等等。进入红巨星阶段，星体开始老化，变成红巨星，就显出红色。然

🔺 白色的恒星

后进一步老化变成白矮星时，就都是白色的了。另外，星星的颜色还能表明该星的温度。温度最高的星球是蓝色的，其温度高达20500℃以上；温度

知 识 链 接

恒星"眨眼"的秘密

地球周围有一层厚厚的大气，而且各个地方的疏密程度有所不同，靠近地面的比较稠密，越往上越稀薄。此外，大气本身也处于流动状态，热空气不断上升，冷空气不断下降，致使各个地方的大气疏密程度在不时发生变化。恒星发射的光穿过地球大气时，由于大气各层之间密度悬殊、状态不稳定导致星光一下子强弱不定，因此出现恒星"眨眼"的现象。因行星比恒星近很多，所以不会"眨眼"。据此可以判断行星与恒星。

稍低一点的呈现白蓝色，其温度在9430℃到20500℃之间；随着星球温度的由高到低，星星的颜色依次为：白、白黄、黄、橙、橙红色，最末为冷红色星体，其温度在3040℃以下。

因为恒星的颜色与温度有直接的关系，所以天文学家根据光谱将恒星分类，简单说来就是根据恒星的不同颜色来区分种类。

❀ 恒星的一生

恒星是由低密度的星云物质凝聚而成的。星云物质在演化过程中，由于自身的引力而收缩。在收缩过程中内部温度升高，质量小的云团形成单个恒星，质量大的云团形成了恒星集团。恒星由生至死会发生多重演变，一般而言，演化过程为：原恒星——主序星——巨星（超新星）——白矮星（中子星、黑洞）。

▲ 星空

▲ 原星序阶段是恒星的"婴儿期"，这些恒星刚由星云演变而成。

原恒星是处于"婴儿期"的恒星。星云云团中心温度达到一定程度时，中心形成内核，来自恒星内部的辐射压将周围物质驱散，恒星逐渐露出，恒星"婴儿"就诞生了。恒星的"婴儿期"大概为10万年。

恒星经过"婴儿"期，便进入"青壮年期"——主

⬥ 处于主序星阶段的恒星相当于人类的青壮年，比如太阳。

序星阶段。出于此阶段的恒星便是主序星。恒星在这一阶段停留的时间占整个寿命的90%以上。这是一个相对稳定的阶段，向外膨胀和向内收缩的两种力大致平衡，恒星基本上不收缩也不膨胀。恒星停留在主序阶段的时间随着质量的不同而相差很多。质量越大，光度越大，能量消耗也越快，停留在主序阶段的时间就越短。例如：质

⬥ 红巨星

量等于太阳质量的15倍、5倍、1倍、0.2倍的恒星，处于主序阶段的时间分别为1千万年、7千万年、1百亿年和一万亿年。

过了"壮年期"，恒星便演变为巨星（超新星）。巨星指光度比一般恒星（主序星）大而比超巨星小的恒星。恒星演

△ 超新星

化离开主序带后，体积膨胀，表面温度降低，变得非常明亮，因为这类恒星大约是太阳体积的10至100倍，所以被称为巨星。在这个阶段，恒星走过的引力与排斥力不稳定，开始一鼓一缩地脉动，恒星稀薄的包层向外以星风的形式逃逸，形成同心圆结构；随着大气的丧失，中心星由于极高的密度和温度产生类似爆发的高速星风，将剩余的气体与尘埃抛出，形成不规则的块状结构和气泡结构。

恒星的最后归宿——恒星演化到后期，星体的变化越来越剧烈，越来越复杂。最后产生大爆发，抛出大量物质。外部形成行星状星云，内部塌缩成一颗致密的天体——白矮星，或中子星，或黑洞。至此，恒星的一生便结束了。

恒星的灭亡

　　恒星的灭亡不只有一种模式。我们以太阳为参考来说明其中的几种可能性。现在的太阳年龄为50亿年以上，估计还能稳定地燃烧50亿年。而后太阳可能会突然膨胀起来，变成一个大火球，所有生命都将毁灭。这时太阳进入晚年阶段，其星体的变化越来越剧烈，越来越复杂。最后产生大爆发，抛出大量物质。

　　进入晚年的恒星，因其质量不同会有不同的灭亡模式。恒星在核能耗尽后，如它的质量小于1.44个太阳质量，便会比较平稳地抛出物质，形成行

　　一旦恒星变成黑矮星或者被黑洞吞噬，那么无论借助任何科技手段，都无法在宇宙中找到它们的踪迹了。

星状星云，中央残核留有一颗致密天体——白矮星。白矮星颜色呈白色，体积比较小，但密度极高，一颗质量与太阳相当的白矮星体积只有地球一般的大小，微弱的光度则来自过去储存的热能。对白矮星的形成还有另一种看法：白矮星的前身可能是行星状星云的中心星，它的核能源已经基本耗尽，整个星体开始慢慢冷却、晶化，直至最后"死亡"。在太阳附近的区域内已知的恒星中大约有

▲ 发出强光的恒星

6%是白矮星，目前人们已经观测发现的白矮星有1000多颗。白矮星在收缩过程中，释放出大量能量使其白热化并发出白光，然后逐渐冷却、变暗，最终变成体积更小、密度更大、完全不能发光的黑矮星，这时，人们就无法观测到它了。

恒星在核能耗尽之后，如果它的质量在1.44~2太阳质量之间，其部分物质成气壳抛出，但中心附近的物质会留下来，变成一颗中子星。中子星又叫脉冲星，比太阳小，但密度很高。打个比方，一艘百万吨轮船可以装下足球大小的白矮星物质，但只能装下一颗芝麻粒大小的中子星。

恒星在核能耗尽之后，如果它的质量超过太阳的2.4倍，则平衡状

态不再存在，星体将无限制地收缩，星体的半径愈来愈小，密度愈来愈大，最后成为一个体积无限小而密度无穷大的奇点，从人们的视线中消失，围绕这个奇点的是一个"无法返回"的区域——"黑洞"。

行 星

行星的产生有几种不同的说法，比较传统的说法认为行星是星子不断吞噬体积小的同类之后发展壮大的产物。恒星周围有许多宇宙灰尘，它们不断凝聚，逐渐变大，等身体变得足够大之时就变成了星子，星子间的相互碰撞会让大星子将小星子吃掉，这样大星子越来越大，最终变成了我们现在见到的行星。

▲ 行 星

另外一种比较新的观点认为星子是从黑洞中产生的，科学家为此找到了不少证据。

关于行星的概念，天文学界也是说法不一。传统的行星定义是指宇宙中那些自身不发光，并且围绕恒星运转的天体。而2006年的国际天文学联合会则决定了行星的新定义，新定义包括三点：必须是围绕恒星运转的天体；质量必须足够大，其自身的吸引力必须和自转速度平衡使其呈圆球状；公转轨道范围内不能有比它更大的天体。

行星比恒星小得多，木星是太阳系里最大的行星，可是它的大小还不到太阳的千分之一。

传统观点认为太阳系中共有九大行星，即水星、金星、地球、火星、木星、土星、天王星、海王星、冥王星。但新近的观点则

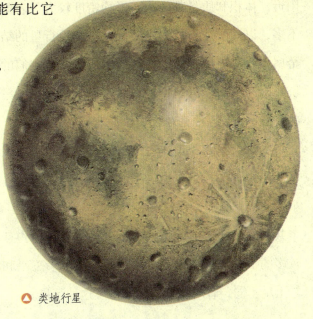

▲ 类地行星

认为冥王星不属于大行星。2006年，冥王星被列为矮行星成员。

八大行星及冥王星都是自西向东绕着太阳公转，朝一个方向前进的。

根据行星起源于不同形态的物质及大小，人们将太阳系行星分为类地行星、类木行星等。

类地行星是指类似于地球的行星，它们距离太

▲ 类木行星

阳近，体积和质量都较小，平均密度较大，表面温度较高，大小与地球差不多，以硅酸盐石作为主要成分。类地行星的结构大致相同：主要是铁的金属中心，外层则被硅酸盐地幔所包围；它们的表面一般都有峡谷、陨石坑、山和火山。类地行星包括水星、地球、火星、金星，天文学家认为这些行星上可能孕育着生命，因而有研究意义。

类木行星为类似木星的气体行星，包括木星、土星、天王星以及海王星等四个行星。主要由氢、氦、冰、甲烷、氨等构成，石质和铁质只占极小的比例，它们的质量和半径均远大于地球，但密度却较低。类木行星有3个共同的特征，那就是：都具有行星环的结构且星体的密度较低，都有比较多的卫星，旁边还有一圈圈光环。因天王星和海王星有许多地方和木星与土星不同，有时只指木星和土星这种行星。

小行星

在太阳系内，有一些环绕太阳运动的天体，各方面都与行星相似，只是体积和质量比行星小得多，于是被人们称为小行星。小行星的命名权属于发现者。

在火星和木星轨道之间，有一片小行星密集区域，人们将其称为小行星带。一些天文学家认为，木星在太阳系形成时的质量增

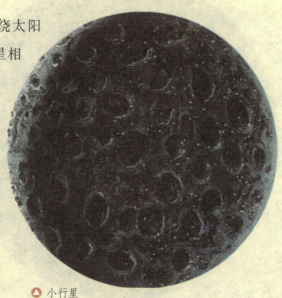

⬆ 小行星

🔺 小行星形状大多不规则。

长最快，它防止在今天小行星带地区另一颗行星的形成。小行星带地区的
小行星的轨道受到木星的干扰，它们不断碰撞和破碎。其他的物质被逐出
它们的轨道与其他行星相撞。大的小行星在形成后内部物质分离。在此后
的碰撞和破裂后所产生的新的小行星的构成因此也不同。有些碎片后来
落到地球上成为陨石。

　　目前已被人类发现的小行星大约有70万颗。人类对小行星的了解大多
都是通过分析坠落到地球表面的太空碎石而得来。除此以外，也有一部
分是天文学家在它们接近太阳时，通过地面射电观察研究得出来的。

　　比较著名的小行星有谷神星、婚神星、爱神星、智神星、灶神星等。谷神星
又称小行星1，是太阳系中最小的、也是唯一一颗位于小行星带的矮行星，由

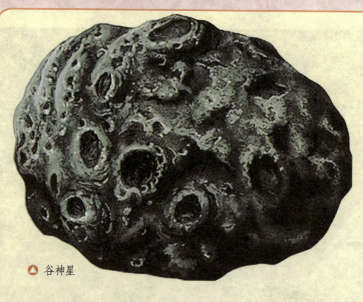

🔺 谷神星

意大利天文学家皮亚齐发现，并于1801年1月1日公布。谷神星的直径为952千米，是小行星带之中已知最大最重的天体，约占小行星带总质量的三分之一。爱神星被称为"胖香蕉"，是一颗长34千米，厚度为13千米的迷你小行星，1898年8月13日由德国天文学家威特发现。婚神星又称3号小行星，处在火星与木星的小行星带之间，直径195千米长，是德国天文学家卡尔·哈丁发现的。智神星是第二颗被发现的小行星，由德国天文学家奥伯斯于1802年3月28日发现，其平均直径为490千米。灶神星，又称4号小行星，是德国天文学家奥伯斯于1807年3月29日发现的。

卫 星

卫星是指围绕一颗行星轨道并按闭合轨道做周期性运行的天然天体或人造天体。

按照卫星所围绕的行星可分为地球卫星或其他星球的卫星。按卫星的来源分类的话，地球卫星又可分为天然卫星和人造卫星。

我们知道，在宇宙天体系统中，恒星的四周有行星围着它运转，而行

围绕地球运转的人造卫星与天然卫星

星周围也有围绕其运动的天体，人们把那些宇宙中原本存在的并且环绕行星运转的自然天体称为天然卫星。天然卫星的大小不一，彼此差别很大。在太阳系里，除水星和金星外，其他行星都有天然卫星。木星的天然卫星最多，土星的天然卫星第二多，而地球最典型的天然卫星就是月球。

△ 人造地球卫星

后来随着现代科技的不断发展，人类研制出了各种功能的卫星，这些人为制造出来的卫星就是人造卫星。人造卫星和天然卫星一样，也绕着行星运转，只不过大多数的人造卫星都是绕着地球运转，因此有时也称其为人造地球卫星。第一颗被正式送入轨道的人造卫星是苏联于1957年发射的。从那时开始，各种人造卫星陆续被送往了神秘的宇宙空间。据有关数据显示，目前正在环绕地球飞行的共有795颗各类卫星。人造卫星的用途很广泛，有的装有照相设备，对地面进行照相、侦察，调查资源，监测地球气候和污染等；有的装有天文观测设备，用来进行天文观测；有的装有通信转播设备，用来转播广播、电视、数据通信、电话等通信信号；有的装有科学研究设备，可以用来进行科研及空间无重力条件下的特殊生产。

总之，人造卫星在科学研究、近代通信、天气预报、地球资源探测和军事侦察等方面已成为一种不可或缺的工具。

黑 洞

黑洞，顾名思义，就是不会发光的、黑糊糊的一处空间。它不是通常意义上的星体，而是空间的一个区域，一种特殊的天体。1798年，法国的拉普拉

▼ 黑洞吞食天体

🔺 黑洞吞食星球

斯利用牛顿万有引力和光的微粒学说提出黑洞这一见解，指出并假设黑洞是一个质量很大的神秘天体。

黑洞具有极强大的引力场，就像一个无底洞，黑洞内部的所有物质，就连速度最快的光也逃不过它的吸力，它成为宇宙中一个"吞食"物质和能量的陷阱。任何东西到了它那儿，就休想再爬出来了。很多科学家认为，当宇宙中的物质密度超过极限开始收缩时，所有的物质都将被黑洞吸收。

黑洞吞食周围物质的方式有两种。一种是拉面式，当一颗恒星靠近黑洞，就很快被黑洞的引力拉长成面条状的物质流，迅速被吸入黑洞中，同时产生巨大的能量（其中包括X射线）；另一种是磨粉式，当一颗恒星被黑洞抓住之后，就会被其强大的潮汐力撕得粉身碎骨，然后被吸入一个环绕黑洞的抛物形结构的盘状体中，在不断旋转中，由黑洞慢慢"享用"，并产生稳定的能量辐射。

黑洞具有神奇的"隐身术"，人们无法直接观察到它，对于它的内部结构，就连科学家也只能是提出各种猜想，我们无法通过光的反射去观察黑

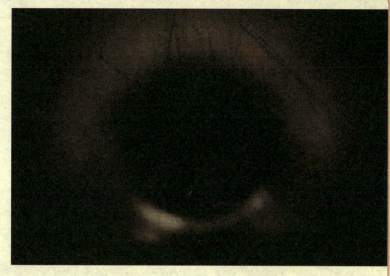

⬤ 黑洞

洞，只能通过受其影响的周围物体来间接了解黑洞。

宇宙尘埃

⬤ 一旦宇宙尘埃较为密集地呈云雾状聚在一起，就变成了星云。

我们知道，空气中浮动的灰尘等颗粒被称为尘埃。其实尘埃并不是地球上独有的，在广阔的宇宙空间里，除了各种各样的星体外，也存在着大量的尘埃，我们将其称为宇宙尘埃。

宇宙尘埃一般指的是飘浮于宇宙间的岩石颗粒与金属颗

宇宙尘埃是构成宇宙中可见部分的基础物质

粒，是星系、恒星、行星和宇宙生命体的重要组成部分，它们与组成地球的成分基本一致，只不过它们没能凝聚成一颗星体，而是悬浮于宇宙空间之中，一旦它们较为密集地呈云雾状聚在一起，就变成了星云。关于宇宙尘埃的来源，科学界说法不一。一种说法认为，宇宙尘埃来源于温度相对比较低、燃烧过程比较缓慢的普通恒星。这些尘埃通过太阳风被释放出来，然后散布到宇宙空间当中去。另一种观点则认为，这些微小的尘粒可能是来自于超新星的爆发。

宇宙尘埃大致有三种类型：一种呈黑色或褐黑色，外表光亮耀眼，像闪亮的小钢球；第二种是暗褐色或稍带灰白色的球状、圆角状的小颗粒；第三种看起来很像是玻璃球，一般都是没有颜色的或者是呈淡绿色。

别看宇宙尘埃不起眼，可它对我们的生活产生的影响却不容忽视。据

🔻 美丽的宇宙中充满了宇宙尘埃。

统计，宇宙尘埃是地球上的第四大尘埃来源，几乎每1小时都会有约1吨重的宇宙尘埃进入地球，这些尘埃对地球的环境和气候都产生了重要的影响。古生物学家找到的新证据表明，植物和动物个别种类并非一下子灭绝的，而是逐渐地、慢慢地消亡的，这很有可能就与宇宙尘埃的缓慢作用有关。科学家们甚至推测宇宙尘埃很可能就是过去自然灾害的源头。

地外文明

地外文明通常是指地球以外的其他天体上可能存在的高级智慧生物的文明，也可以简单地理解为是存在于地球以外的、尚未被目前地球上的生命所观测到的生命体。描述地外生命的艺术作品层出不穷，飞碟、外星人目击事件也逐渐增多，这些使人们对地外文明的兴趣有增无减。就连一些

⬟ 外星文明假想图

科学家们也 开始致力于科学地搜寻地外生命的迹象。当然也有
一些人不 赞同这种做法。

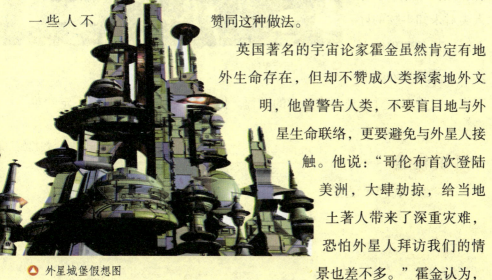

⬟ 外星城堡假想图

英国著名的宇宙论家霍金虽然肯定有地外生命存在，但却不赞成人类探索地外文明，他曾警告人类，不要盲目地与外星生命联络，更要避免与外星人接触。他说："哥伦布首次登陆美洲，大肆劫掠，给当地土著人带来了深重灾难，恐怕外星人拜访我们的情景也差不多。"霍金认为，

鉴于外星人可能将地球资源洗劫一空然后扬长而去，人类主动寻求与他们接触"有些太冒险"。与此相反，很多人认为外星人与地球人是能够和平共处、友好合作的，因为高级智慧生命的理智会决定他们必须有分寸地对待一切宇宙智慧生命体。

不管怎么说，人类对外星文明的探索在一定程度上满足了人类对未知事物的好奇心，从某种程度上来说，寻找地外文明

▲ 飘浮在宇宙中的外星城假想图

其实也就是人类对自身文明探索的过程。但是寻找地外文明具有一定的难

知识链接

探索地外文明的方法

1. 接收并分析来自太空的各种可能的电波；
2. 人类主动向外太空发出表明人类在太阳系内存在的信号；
3. 发射探测器去登门拜访外星人。

度，庞大的宇宙空间使我
困难，我们向最近的外
在70年后才能收到回
波和外星联系，但是电
们与其他天体之间的相互联系异常
星文明发一个信号，最快也要
音。人们也试想用电磁
磁频谱极宽，我
们并不知道地外文明都使用何种频
谱。此外，生命形式和文明发展度的差异也是
造成我们寻找地外文明困难的因素，我们考虑的都是与
地球文明相似的文明，但如果有其他生命形式呢，比如
硅人，比如科幻小说中的蜘蛛人、小绿人，我们之间是
无法或者很难交流的。假如对方是高度发达的文明社会，那么他们就可
能对我们不屑一顾。如果对方的文明程度比我们低，他们也无法和我们
相互联络。

　　总之，人类对地外文明的探索将会是一个漫长而且艰难的过程。

🔺 卫 星

飞 碟

　　飞碟是我们通俗的叫法，它的学名应该是
Unidentified Flying Object，也就是我们常说的
UFO，所代表的意思是未经查明的空中飞
行物。

　　随着时代的发展和科技的进
步，越来越多的不明飞行物目击事
件也随之出现，关于飞碟的各种看
法和观点也纷纷产生。

🔺 飞碟设计图

🔺 飞碟概念图

　　大多数目击者见到的　　　　　　　　飞碟都是扁扁的，圆圆的，像个碟子，旋转的速度很快，能发出很强的光，飞的比火箭还要快。也有一些目击者则说见到的是球状或雪茄状的不明飞行物，还有少

🔻 探访地球的UFO

部分目击者称见到的是缓慢移动的飞碟。

人们对飞碟的争论，主要围绕飞碟是否真的存在和飞碟究竟是什么展开。

一种观点认为飞碟根本就不存在，所谓目击现象不过是一种"幻觉"或"错觉"，飞碟不过是和海市蜃楼类似的东西。还有观点认为飞碟存在，但并非是外星球飞来的，而是天文或者大气现象产生的结果，如流星、球状闪电、地震光、海市蜃楼、雷达目标以及飞机、人造卫星和其他飞行器、热气球、探照灯、降落伞等。

飞碟究竟是从外星球飞来的，还是天文、气象、物理或者别的现象造成的？发生在地球上的飞碟劫持事件究竟是真是假？这些都有待于进一步研究发现。

世界UFO史上的最典型事件是1947年的罗斯韦尔事件。事情发生在美国新墨西哥州罗斯韦尔地区的欧德乔甫雷斯牧场上。当地时间7月4日凌晨左右，当地居民在天空中降下雷阵雨时听到空中传出一阵阵雷鸣般的爆炸声，随后看到一个蓝白色发

飞碟着陆

外星飞行器设计图

光物体，在夜空中低飞，随即在远方坠落。第二天一早，居住在附近的人们在牧场的草地上发现了一架坠毁的不明飞行物。爆炸产生的碎片散布的面积大约有1.2千米长、600米~900米宽。地面上有一条长约1200米~1500米的滑行坑洞痕迹。

在坑洞南端，人们还发现了最大的一块残骸，它像纸一样薄，但却坚硬无比。现场附近有许多金属碎片，还有一些H形金属条，上面刻有文字。

令人惊讶的是，人们同时还发现了5具不明生物的尸体，它们体型瘦小，眼睛奇大，皮肤呈现暗灰色。事后，军方出面清理现场，带走了尸体和金属碎片，并告知当地人不得对外发表任何消息。最后这起事件以军方对外宣布说坠毁的只是一只气象观测气球而告终。

飞碟劫持事件

人类不断探索地外生命，地外生命似乎也在对人类做同样的事情。地球上发生过很多飞碟"劫持"事件，据统计，被劫持的人从2岁到60岁的都有。他们在神志完全清楚或被催眠的状态下叙述自己如何让外星人劫持

△ 森林上空的飞碟群

并被送到飞碟上的经过。他们中一些人认为有时头脑变得模糊完全是外星人捣的鬼，这些外星人似乎能从外面断开地球人的意识。可大多被劫持者还清楚地记得自己曾在空中翱翔，飞着穿透墙壁，最后来到一个神秘的地方，那里有外星人给他们动外科手术。

多数被劫持者的经历都很糟糕：耳朵被震得嗡嗡响，全身都在颤抖，身子麻木而不能动弹，还伴随着一种莫名的恐惧；有的人身上还会出现斑疹、擦伤、莫名其妙的伤口以及鼻子和肛门出血的痕迹。

　　飞碟劫持事件中最著名的劫持案是1961年发生的贝蒂·希尔事件。在新罕布尔什州安全部工作的贝蒂和在波士顿邮局民邮部任职的巴尼·希尔，在位于新汉普郡的兰开斯顿和康科德之间的公路上遇到了飞碟。飞碟在离他们30米处也停住了，巴尼看到里面有5个~11个似人的生物的身影，他们身穿黑色发亮、看似皮质的衣服，头戴黑色鸭舌帽，一举一动都非常整齐、古板。巴尼转身就跑，他把妻子推进车里，急速开车逃走，但他感到那东西就在汽车上方。突然，他们听到一种奇怪的嗡嗡声，接着两人就失去了知觉。他们经历了时光丢失，并且在之后的数月中，他们越来越受到这个事件的困扰。最后，在1964年，贝蒂和巴尼在波士顿著名神经病专

▼ 水上飞碟

⬆ 飞碟群

家本杰明·西蒙的指导下进行了催眠治疗。在催眠的过程中，他们都各自讲述了被绑架到一架飞碟上并接受实验的经历。医生认为，这些经历可能只是基于贝蒂的一个梦，而巴尼在倾听她描述的过程中，受到了潜移默化的影响。不过，贝蒂和巴尼在接受完治疗后，确信自己曾被绑架。令人惊奇的是，贝蒂在催眠状态下画出的一幅星图，当时

⬇ 外星飞行器设计图

⬥ 飞 碟

无法验证，而数年后才被天文学家发现宇宙中有相似星图，这使此事更加扑朔迷离。

经过研究调查，有些科学家将"被劫持之说"归于各种能量的变换形式，如光电、磁、声音和化学性能等，也有人将其归结于幻觉或者是心理暗示。至于被劫持者说到的那些肉体感受，科学家认为那是肉体对电磁辐射的自然反应。

我们不排除一些被劫持者的经历是伪造或错觉，但无法断言所有事件都如此，而且所谓科学的解释也有说不通的地方。因此人类被飞碟劫持之谜，目前仍然无合理的解释。

◈ 外星人

要弄清外星人存在与否，似乎是一件十分遥远的事情。但是，人们已经找到了推测宇宙中充满生命这一事实的依据，那就是宇宙空间的种种分子的发现。

我们已经知道，在星和星之间的广大宇宙空间，存在像氢原子那样的更为简单的物质，人们称之为"星间物质"。但是最近，通过用电波望远镜观测，发现了许多由原子黏合在一起形成的分子，其中还找到了许多由构成我们人体的主要物质蛋白质和氨基酸等形成的有机物的分子，这不能不说是个惊人的发现。

我们假设外星人真的存在，那么他们是什么样子的呢？根据目击者和影视作品的描述，外星人大多是一些个子矮小、脑袋圆大、眼睛呈大椭圆状、嘴巴狭窄如裂缝、身着紧身衣的类人生物。也有人声称他们见到的外星人是高大的巨人、机器人、浑身长满长毛或无毛生有獠牙的怪物，还有的和人类及其地球上常见动物没有多大差别。

▼ 外星人

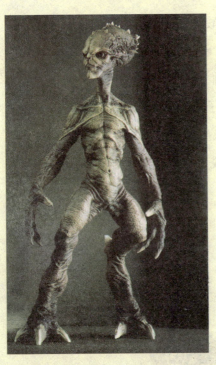

△ 外星人骷髅模型

除了相貌不一，这些外星人性情也有很大区别，有的亲善友好，有的蒙昧无知，有的高傲冷漠，有的残忍嗜血……

对于这些众说纷纭的现象，有人认为这些外星人不止来自一个星球。另一些人则认为，地球上绝不可能有多种不同的外星人同时光临，这种混乱的描述正说明外星人存在的说法是不足为据的。还有一些人认为，

这些确有一部分不足为信，但是仍有一些是可以相信的。

△ 外星人

知识链接

外星人是未来人吗

有些科学家认为，现在所谓的外星人，不一定就是那些不同于我们的地外生命，有可能是人类世界的未来人。有数据表明，人类在近百年来进化程度比原始时期更加迅速。我们不能断然否认，也许当人类进化到几亿年以后，就成为今天所说的外星人的模样，他们掌握了穿越时空的技术，来到现在的人类世界。

外星人究竟存不存在？他们是不同于人类形态的地外生命，还是人类在不同时代的不同体现？也许只有未来才可以回答。

太阳家族

太阳系

　　太阳系是我们生活的这个已知宇宙中最特殊的一个星系，与我们的生活息息相关。它是由太阳、行星及其卫星、小行星、彗星、流星和行星际

🔺 气体与尘埃的云团在引力的作用下，收缩成圆盘形的云，并开始慢慢地旋转。

🔺 尘埃相互黏在一起，体积变大，沉浸于气体圆盘的中心，就形成了薄薄的尘埃圆盘。

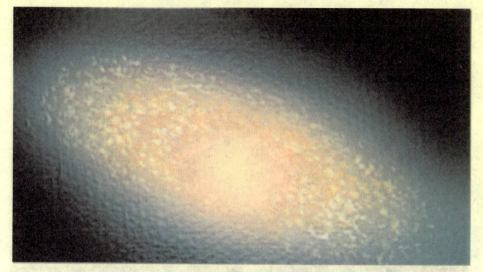

🔺 气体圆盘破裂，形成无数类似小行星的物体，在其中心部分产生了"星体"类的物体。

🔺 星体类物质逐步收缩而开始发光，类似小行星的物质在它周围旋转、碰撞，吸引住周围的物质，越变越大。

🔺 闪闪发光的中心部分变成太阳，周围物质块变成行星、彗星、卫星等。

物质构成的天体系统，太阳是太阳系的中心。小行星是太阳系小天体中最主要的成员。

太阳系是怎么形成的呢？关于这个问题，科学家提出了"星云说""撞击说"和"遭遇说"等，但并没有达成共识。其中影响最广的是"星云说"。

"星云说"认为，太阳系是在密度较大的星云中形成的。这块星云绕银河系中心旋转，通过旋臂时受到压缩，在自身引力的作用下收缩，使中央部分增温，形成了原始太阳。当原始太阳中心温度达到一定程度时，引发热核反应，太阳便诞生了。星云体积的缩小使自转加快，离心力增大，便在赤道面附近形成了星云盘。星云盘上的物质后来演化为行星和其他小天体。由此，太阳系基本形成。

太 阳

太阳是太阳系的中心天体，是距离地球最近的一颗恒星。太阳的质量为地球的33万倍，体积为地球的130万倍，直径为地球的109倍（139.2万千米）。但是，在浩瀚无垠的恒星世界里，太阳只是普通的一员。

太阳是一个炽热的气体球，表面温度达6000℃，内部温度高达1700万℃。太阳的主要成分是氢和氦。按质量计算，氢约占71%，氦约占27%，还有少量氧、碳、氮、铁、硅、镁、硫等。

▽ 没有太阳，就没有地球万物。

太阳内部从里向外，由产能核心区、辐射区和对流区三个层次组成。光热的能源——氢聚变为氦的热核反应，就在产能核心区中进行，能量通过辐射、对流等方式传到太阳

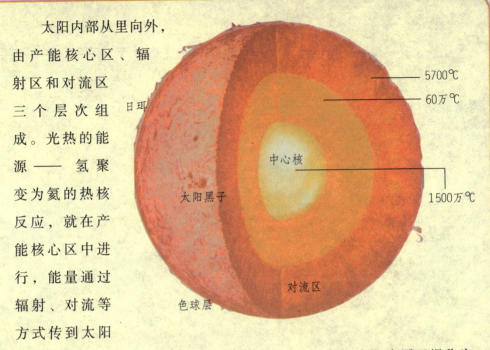

日珥

太阳黑子

色球层

中心核

对流区

5700℃

60万℃

1500万℃

表层，最后主要表现为从太阳表层发出的太阳辐射。太阳表层习惯称为"太阳大气"，由里向外，它又分为光球、色球和日冕三层。

光球只是太阳表面极薄的一层，厚度只有500千米~600千米，太阳的直径就是根据这个圆面定出来的。光球的平均温度约为6000℃，太阳的光辉基本上是从这里发射出来的。正是这层很薄的气层，挡住了人们的视线，使人们难以看清太阳内部的奥秘。色球是太阳大气的中间层，平均厚度为2000千米，它的密度比光球还要稀薄，几乎是完全透明的，色球的温度高达几千至几万摄氏度，但色球发出的光只有光球层的几千分之一，平时我们无法直接看到它，只有在日全食时或用色球望远镜观测才能看到。当发生日全食时，即太阳光球被月球完全遮掩时，在暗黑月轮的边缘可以看到一钩纤细如眉的红光，这就是太阳色球的光辉。

太阳也在自转，它的自转周期在日面赤道带约为25天，愈近两极愈长，在两极区为35天。

▲ 熊熊燃烧的太阳

太阳活动

日全食时，在黑色的太阳表面周围有一圈淡黄色的光芒出现，这种现象叫日冕。日冕从太阳表面一直延伸几百万千米。日冕由高达150万℃的气体组成。

形成日冕的带电粒子在地球周围以每秒500千米的速度流动着，人们称它为太阳风。太阳风在地球周围也有20万℃～30万℃，又因为它是带电的粒子流，所以十分可怕。万幸的是地球的磁场起到了屏障的作用，使地球免受了太阳风的影响。

因为地球是个磁场，所以太阳风的电粒子就环形围绕地球，这样就形成了强烈的放射能带，这个放射能带就是范艾伦辐射带。

太阳活动是太阳大气层里一切活动现象的总称。它包括太阳黑子、光

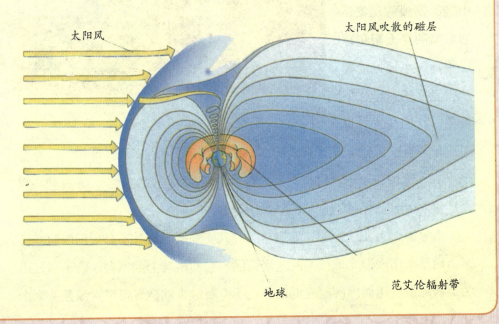

太阳风

太阳风吹散的磁层

地球

范艾伦辐射带

斑、谱斑、耀斑、日珥和日冕瞬变事件等，由太阳大气中的电磁过程引起。太阳活动时烈时弱，平均以11年为周期。处于活动剧烈期的太阳辐射出大量紫外线、x射线、粒子流和强射电波，因而往往引起地球上极光、磁暴和电离层扰动等现象。

耀斑又叫色球爆发，是各种太阳活动中最为剧烈的现象，通常指的是太阳色球层中局部小区域的突然发亮并迅速增强的现象。它的位置在谱

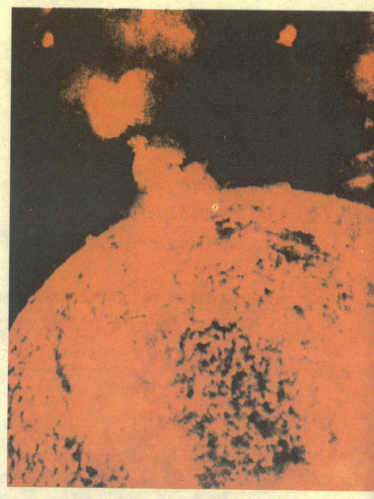

▲ 耀斑

斑或光斑附近，且常在黑子群周围。耀斑在几分钟内形成，可持续存在几个小时。耀斑和黑子有密切关系，它多出现在黑子区的上空，并有同一兴衰过程，活动周期为11年。

大家见过太阳脸上的"雀斑"吗？其实那些雀斑并不是太阳的脸变脏了，而是太阳表面光球层上的气流旋涡。它和地球上刮的台风差不多，因为旋涡的温度比周围的温度低很多，所以看起来就会显得黑，像是一个个

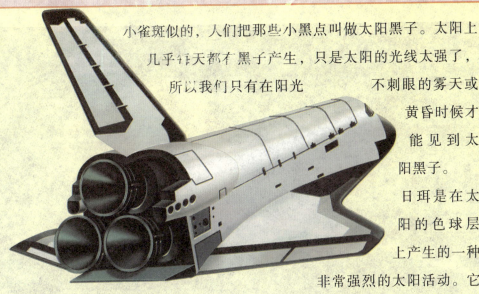

小雀斑似的，人们把那些小黑点叫做太阳黑子。太阳上几乎每天都有黑子产生，只是太阳的光线太强了，所以我们只有在阳光不刺眼的雾天或黄昏时候才能见到太阳黑子。

日珥是在太阳的色球层上产生的一种非常强烈的太阳活动。它们比太阳圆面暗弱得多，

🔺 太阳活动对空间飞行器有很多损伤。

在日全食时，我们会看到太阳的周围镶着一个红色的环圈，上面跳动着鲜红的火舌，这种火舌状物体就叫做日珥。日珥的形状变化万千，大小也各不相同。日珥主要存在于日冕中，但下部常与色球相连。日珥有很复杂的精细结构，一般由许多条细长的气流组成。流线上有称为节点的亮块或亮点。关于日珥的形成问题，目前还没有明确的解释。

米粒组织是太阳

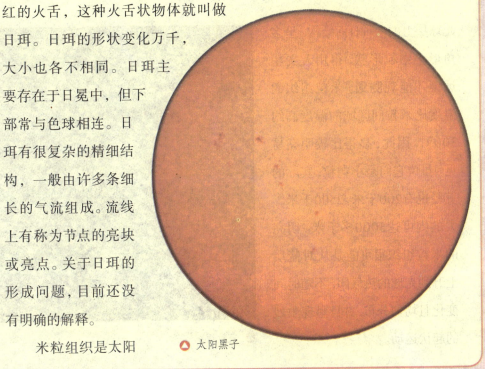

🔺 太阳黑子

△ 日 珥

光球层上的一种日面结构，呈多
角形小颗粒形状，得用天文望
远镜才能观测到。米粒组织的
温度比米粒间区域的温度高约
300℃，因此，显得比较明亮易
见。虽说它们是小颗粒，实际的
直径也有200千米~2500千米，
大的则可达3000多千米。明亮
的米粒组织很可能是从对流层
上升到光球的热气团，不随时间
变化且均匀分布，并且呈现激烈
的起伏运动。

△ 米粒组织

彗 星

彗星，俗称"扫把星"，是太阳系中的小天体之一，当它靠近太阳时便可被看见。我国很早便有对彗星的记载。《天文略论》写道："彗星为怪异之星，有首有尾，俗象其

▲ 彗星扫过星球

▲ 望远镜拍摄的彗星

形而名之曰扫把星。"《春秋》中记载，公元前613年，"有星孛入于
北斗"，这是世界上公认的首次关于哈雷彗星的确切记录，比欧洲早
600多年。

彗星一般由彗核、彗发、彗尾三部分组成。它的外貌和亮度随着它离
太阳的远近而发生显著的变化。彗核是由石质和铁质的物体、冰等物质构
成的，是彗星的实体部分，形状像一个"脏雪球"，整个彗星的质量几乎
都集中在这里。彗核周围环绕着的云雾状物质称为"彗发"，主要由气体
和尘埃组成，能反射太阳的光辉。彗尾由极稀薄的气体和尘埃组成，形状
像扫帚。

彗星的成分是一种含有剧毒的物质——氰化物。只要一丁点儿氰化
物，就能使大批生物死亡。因此如果彗星真的与地球相撞，或者一旦它那
1.5亿千米长的大尾巴扫过地面，这种剧毒分子就能在一定区域内大量扼杀
地球上的生物。

英国著名天体物理学家霍伊尔认为，彗星有可能还含有病毒类的微生
物，几十亿年前，正是彗星把病毒或细菌传播到地球上，才使地球开始有
了生命。有些人还认为，一些传染病，如中世纪的几次大瘟疫和1968年全
球流行的香港型流感，很可能与彗星经过地球时带来的病毒有关。

彗星不仅有剧毒，还被很多人认为是造成地震的"凶手"之一。一连
串的事实说明，长久以来，每当地球上地震频频时，在地球附近游弋的彗
星也明显增多。

古时候，人们就以为地震是彗星引起的，后来这种说法被否定了。但
目前的研究又把地震和彗星联系起来。因为调查结果表明，每当地球上发
生大地震的时候，正好就是彗星离地球最近的时候。

1920年12月16日，中国海源发生了8.5级地震，这是20世纪最大的地
震。据调查，当年，3号彗星于12月17日距地球最近。在海源地震以前，

智利、千岛群岛等地发生了好几次7级~8级地震。1976年7月28日，中国唐山发生了大地震，在这前后的5月底到8月中旬，还先后发生了6次7级以上的地震。同年8月16日，在菲律宾发生了8.1级地震。据调查，在1976年，彗星从6月开始接近地球，一直到7、8、9月，它在相当长的时间内距地球都很近。

　　科学研究的结果表明，地震发生的原因主要是在地壳内部。外界的一些因素只是起诱发作用。彗星的体积虽大，但质量很小，是一个大而空的家伙。它真有本领扰动地壳发生震动吗？至今人们还拿不出确凿的证据来，因此，彗星是否真的是带来地震的原因之一，还有待研究。

▼ 彗星出现在天空

哈雷彗星的奥秘

　　哈雷彗星是一颗著名的周期彗星。英国天文学家哈雷于1704年首先确定它的轨道是一个很扁长的椭圆，并准确地预言了它以约76年的周期绕太阳运行。哈雷彗星最近一次回归于1986年2月9日过近日点，近日距为0.59天文单位（8800万千米）。为了确切查明彗星物质的详情，苏联、日本、西欧和美国分别发送了几艘宇宙飞船，近距离考察查这颗彗星，并取得了一

🔻 哈雷彗星出现在天空。

🔺 哈雷彗星是最著名的彗星。由英国天文学家哈雷在1704年最先算出它的轨道而得名，每隔76年它回归一次。

些成果。如哈雷彗星的彗核长15千米，宽8千米，比原先估计的要大。同时发现彗核表面呈灰黑色，反射率仅为4%。水和冰是彗星的主要成分，彗星以非常小的尘埃粒子存在着。

1682年，哈雷彗星对地球进行周期性"访问"时，在德国的马尔堡，有只母鸡生下了一个异乎寻常的蛋——蛋壳上布满类似星辰的花纹。1758年，哈雷彗星如期出现时，英国霍伊克附近乡村的一只母鸡生下一个蛋壳上清晰地描有彗星图案的蛋。1834年，哈雷彗星再次在苍穹出现时，希腊科扎尼一个名叫齐西斯·卡拉齐斯的人家里，有只母鸡生下一个蛋，壳上又有彗星图，他把它献给国家，得到了一笔不小的奖金。1910年5月17日，当哈雷彗星重新装饰天空时，法国人诧异地从报上获悉，一位名叫阿伊德·布莉亚尔的妇女养的母鸡也生下一个蛋壳上绘有彗星图案的怪蛋，图案有如雕刻，无论怎样擦拭都不会改变。

为了得到彗星蛋，早在1950年，苏联科学家便在国内联系了数以万计的农户；法国、美国、意大利、瑞典、波兰、匈牙利、西班牙等20多个国家也建立了类似的调查网络。结果在1986年，意大利博尔戈的一户居民家里的母鸡生下一个彗星蛋，母鸡的主人伊塔洛·托洛埃因此暴富。

表面凹凸不平的水星

水星是距太阳最近的行星，它距离太阳为0.39个天文单位，按88天的周期绕太阳一周。由于它比地球距太阳近得多，所以，在水星上看到的太阳大小，是地球上看到的太阳大小的2倍～3倍，光线也增强10倍左右。白天，水星表面温度可达440℃。由于水星引力小，表面温度高，很难保持住大气，所以表面仅存

🔺 水星朝向太阳的一面炽热无比。

◀ 美国"水手10号"宇宙
探测器拍摄的水星照
片,其表面有环形山,
与月面相似。

有少量大气。缺乏大气,致使夜间很快变冷,温度可下降至–160℃。除温
差变化大以外,它还常与太阳附近的陨星及来自太阳的微粒相撞,所以表
面粗糙不堪。水星距离太阳最近,比其他行星运行速度快,大约用3个月
时间绕太阳一周。水星只能在傍晚或黎明时在稍有亮度的低空才能
看到,所以在大城市很难看见。

知识链接

水星的自转

　　长期以来,人们曾一直认为水星就像月亮面对地球那样,总是以同一侧面
面对太阳。20世纪60年代,通过雷达观测得知,水星表面凹凸不平并有自转,最
终查明水星的自转周期为59天,且赤道面与公转轨道面一致。

▲ 卫星探索水星假想图

水星上为何没水

　　水星尽管名字中有"水"，但据科学家的推测，水星的地表温度最高可达 440℃。在这种环境下，水星上是不可能有任何形态的水存在的。就算我们给水星送去水，液体和气体分子的运动速度也会因为水星表面的高温而加快，足以让那些分子逃出水星的引力场。也就是说，要不了多久，水和蒸汽会全部跑到宇宙空间去。另外，据观测，水星上的大气非常稀

▼ 卫星探索水星假想图

薄，水星质量小，本身吸引力不足以把大气保留住，大气会不断地向空中逃逸，它现在可能靠着太阳不断地抛射太阳风来补充稀薄的空气。从成分上看，水星大气与太阳风有相似的系统，太阳风的大部分成分就是氢、氦的原子核和电子。科学家们对水星光谱进行分析得出结论：水星中有大气，但水星大气中没有水。

然而，水星上没有液态水，没有水蒸气，但却存在着"冰"山。1991年8月，水星运行至离太阳最近点，美国天文学家通过巨型天文望远镜对水星进行了观测，看到了令科学家们瞠目结舌的一幕：在水星的北极点处存在着大量的冰山！这些冰山直径15千米～60千米，隐藏在太阳从未照射到的火山口内和山谷中的阴暗处，那里的温度极低，达到-160℃。它们都位于极地，据考证，它们在那里已经隐藏了30亿年了。

有关冰山的形成，天文学家们是这样解释的：水星形成时，先凝固其内核，同时伴随有剧烈的抖动，水星表面形成山一样的褶皱，同时频繁地发生火山爆发，彗星和陨星又多次冲撞碰击，致使水星表面坑坑洼洼。至于冰是水星本来就有的，还是后来由彗星和陨星带来的，科学家们仍没有得出一致的意见。

知识链接

水星凌日

水星凌日发生的原理与日食相似。由于水星和地球的绕日运行轨道不在同一个平面上，而是有一个7°的倾角。因此，只有水星和地球两者的轨道处于同一个平面上，而日水地三者又恰好排成一条直线时，在地球上可以观察到太阳上有一个小黑斑在缓慢移动，这种现象称为水星凌日。小黑斑是由于水星挡住了太阳射向地球的一部分光而形成的。

"一年"只有"两天"的金星

天亮前后，东方有些发白的天空中，有时会出现一颗相当明亮的"晨星"，人们叫它"启明星"；黄昏，西方那灰白色的天幕上，有时会出现一颗相当明亮的"昏星"，人们称它为"长庚星"。这两颗星，实际上是同一颗星，它就是金星。

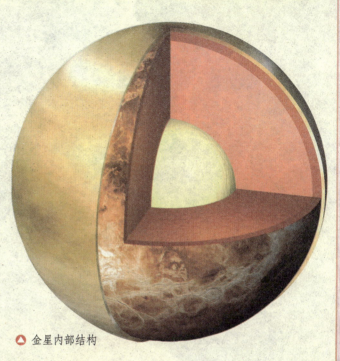

▲ 金星内部结构

金星是天空中除太阳和月亮以外最亮的星，所以人们又叫它"太白星"或"太白金星"。

金星绕太阳公转一周相当于地球上的225天，自转一周为243天。由于它的自转方向与公转方向相反，是逆向自转，所以在金星上看到的太阳是西升东落的。金星的逆向自转，使得金星上的一昼夜比它自转一周的时间要短得多。据计算，金星上的一昼夜为117天，白昼和黑夜各为59天左右。而金星上的"一年"大约只有"两天"。

金星的体积、质量都和地球相近。它也有大气层，靠反射太阳光发亮。以前，人们一直认为金星是地球的"孪生姐妹"，可能有生命存在。自1961年以来，苏联先后向金星发射了14个行星探测器，证明金星的大气

🔺 地球与金星大小比例

▲ 从金星上看地球

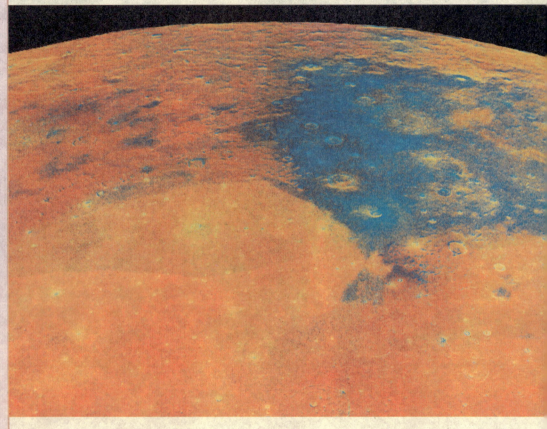

△ 金星地表

中有一层又热又浓又厚的硫酸雨滴和硫酸雾云层。金星大气的主要成分是二氧化碳，占97%，氩和氖的含量也比地球上多得多；金星表面有90个大气压，相当于地球上海洋900米深处所受的压力。金星大气层形成了全球性的"大温室"效应，地面温度在480℃以上。显然，在这样的环境中，生命是难以存在的。

不过，"金星无生命言论"一直受到很多人的挑战。1989年1月，苏联的一艘太空船在穿越金星大气时，发现在金星的表面散布着大约2万座城市的遗址。那些建筑看起来破烂不堪，好像已经被废弃很长时间了。科学家分析，那些散布在金星表面的城市呈马车轮的形状，中间的轮轴就是大都会所在处。有一个庞大的公路网将所有城市连接起来，直通向中心。美国发射的探测器也发现了那些城市遗迹。从照片上还可以辨认出，每座城市

▽ 金星城市假想图

好像是一座巨型金字塔，这些"金字塔"都没有门窗。有的科学家认为，那种"金字塔"似的建筑物可以防风暴，还能昼避高温，夜避严寒，居住者的出入口可能在地下！

还有人坚信金星上存在海洋。美国艾姆斯研究中心的科学家波拉克·詹姆斯认为，在很久以前金星上确实有过海洋，可现在，这个海洋已经消失了。他认为海洋消失的原因可能有以下几种：一是太阳光把水蒸气分解为氢和氧，氢气由于重量轻而大量脱离金星；二是在金星演化的早期，内部曾散发出大量的还原气体，这些气体与水相互作用，消耗掉了水分；三是从金星内部喷出的炽热岩浆中的铁以及其他化合物与水相互作用，从而使水分消失；四是金星海洋的水本来是来自星球内部的，后来这些海水又循环回到金星地表以下。

有的科学家认为詹姆斯推测的几种海洋消失的原因在地球上也会出现，可是地球上的海洋并没有消失，因此又对詹姆斯提出的看法表示怀疑。

美国爱荷华大学的弗兰克等人则认为，金星上从来没有过海洋，金星大气层里的少量水分并非由海洋蒸发而来，而是由几十亿年来不断进入大气层的微小彗星的彗核造成的，因为彗核的主要成分是水冰。

❋ 天空中的小地球——火星

在太阳系的八大行星中，除地球外，最吸引人们注意的要数火星了。一个多世纪以来，关于火星上有没有"火星人"的争论持续了好长时间。

火星是地球的近邻。如果说金星是我们左邻，火星就是右舍了。它在地球的外侧、比地球大半倍的轨道上绕太阳运转。用肉眼观察，它的

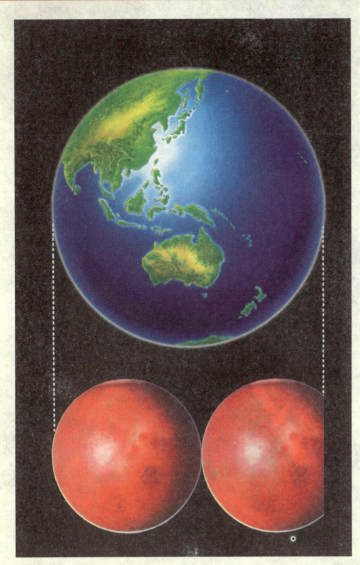

▲ 火星与地球的大小比较

外表呈火红色。由于它荧荧如火，亮度常有变化，位置又不固定，而且充满神秘色彩，令人迷惑，所以我国古代人称它为"荧惑星"，认为是不吉利的星。

火星与地球相比，有许多相似的地方。火星上既有春夏秋冬四季的变化，也有白天和黑夜的交替；它的自转周期与地球相近，为24小时37分；在火星上看到的太阳也是东升西落。但是，火星比地球小得多，它的直径相当于地球的半径，体积只有地球的15%，质量也只有地球的11%。因此，天文学家常把火星称为"天空中的小地球"。

卫星探索火星概念图

　　火星的四季与地球的四季大不一样。火星的一年（即火星公转一周）相当于地球上的687天，每个季节约为172天，差不多相当于地球上的6个月。火星的四季温差比昼夜温差小得多，白天最高温度可达28℃，而夜间即可降到–132℃左右。

　　自1962年以来，苏联和美国相继发射了15个火星探测器。1971年11月13日，美国发射的"水手9号"探测器进入围绕火星运行的轨道，成为火星的第一个人造卫星，并发回了许多珍贵的观测资料。在随后的几年中，苏联和美国先后有三艘飞船成功地登上了火星。

　　通过一系列的实地观测，人们终于窥见了火星的真面目。火星表面是干燥、荒凉、寂寞、寒冷的旷野，布满了沙丘、岩石和火山口。原来曾引起天文

▼ 火星地表

🔺 火星人进攻地球假想图

学家高度重视的火星"运河",只是些排列成行、间隔很近的火山口。那个曾引起人们幻想的"极冠",只不过是二氧化碳冷凝的干冰。火星上既像撒哈拉大沙漠那样干燥,又像南极洲那样寒冷。它的峡谷比地球上最大的峡谷要大得多、深得多,它的最高山峰有珠穆朗玛峰的3倍高。火星上也有大气,但极为稀薄,其中95%是二氧化碳,还有少量的氮气和氩气等。

火星如此荒凉、贫瘠,时至今日,人类也没找到火星生命以及支持生命存在的条件。没找到生命,是否就证明不存在呢?人类至今也没有登陆火星的能力,只不过通过卫星揭开了火星重重面纱中的几个而已。

在莫斯科一个大型记者招待会上,苏联一位太空专家于特·波索夫宣布了一个惊人的消息:一艘由苏联发往火星进行探测任务的无人太空船,在1990

年3月27日从火星荒凉的表面上拍到一个奇怪的警告标语后，便突然中断了一切讯息。一些科学家分析，它可能被火星人给击毁了。这个警告标语是用英文写着的"离开"两个字，这个巨大标语好像是用石块雕刻出来的。按比例估计，这两个字至少有

▲ 火星上的笑脸地形

800米长、75米宽。标语似乎是沿着巨型山石凿出来的，从其光滑的表面看，可能是用激光切割成的。

这条标语不像1976年美国太空船在火星拍到的神秘人面像那样古老

知识链接

火星上的笑脸

美国宇航局火星全球探测器在火星表面曾拍摄到一幅有趣的"笑脸"图片，笑脸出现在一个陨石坑中，有两只眼睛，圆形的鼻子，以及一张呈弧状向上翘起的嘴巴。专家认为，这张"笑脸"实为火星上的环形山，火山口表面出现一层二氧化碳霜冻，这些略呈灰白色的霜覆盖在坑洞表面，形成有趣的"脸部器官"。

和饱受气候的侵蚀，而是最近才出现的。波索夫博士透露说，他们派出的太空船，开始时一切都很顺利，但当它把上述写了警告字句的照片传回地球后，便神秘地失踪了。那艘太空船是被火星上的生物毁灭了，还是暂时被他们扣押了，现在还弄不清楚。波索夫博士公布的内容立即震动了科学界。有人对此深信不疑，也有人对这么离奇的说法表示怀疑。这一事件的真相还有待人们去探究。

八大行星的"老大哥"——木星

　　木星是太阳系八大行星中最大的一个，它那圆圆的大肚子里能装下1300多个地球，质量是地球的318倍。太阳系里所有的行星、卫星、小行星等大大小小

▼ 卫星探索木星假想图

▲ 木卫一火山爆发

木星

的天体加在一起，还没有木星的分量重。天文学上把木星这类巨大的行星称为"巨行星"，欧洲人把它称为天神"宙斯"。

木星虽然个头大，但距地球较远，所以看上去还不及金星明亮。木星绕太阳公转一周约需12年时间，因此，几乎每年地球都有一次机会位于太阳和木星之间。在这些日子里，太阳落下时，木星正好升起，人们整夜都可以见到它。木星轨道外的其他行星也有这一特征。

木星大约12年在星空中运行一周，每年经过一个星座。我国古代将木星在星空中的运行路线分为"十二次"，木星每行经"一次"，就是一年，所以木星在我国又有"岁星"之称，用以纪年。据说这种岁星纪年是十二地支的前身。

木星自转一周为9小时50分，是八大行星中自转最快的。它呈明显的扁球状，赤道直径与两极直径之比为100：93。从望远镜里观察，木星赤道附近有一条条明暗相间的条纹，呈黄绿色和红褐色，那就是木星大气中的云带。木星大气主要由氢和氦组成，有1000多千米厚，它们把木星紧紧地裹住，使我们无法直接看到它的表面。在木星赤道的南侧，有一个引人注目的大红斑，它自1665年被发现以来，还从未消失过。

木星上最为壮丽的奇景，大概要数众多的卫星了。地球只有一颗天然卫星——月亮，而木星的卫星有10多颗。它们有的比月亮大，有的比月亮小。其中最大的4颗是1610年伽利略用手制望远镜发现的，因此被命名为伽利略卫星。这个卫星系统有不少类似于太阳系行星系统的特征，因此，它们与木星的结合很像一个小小的太阳系"复制品"。

自1973年以来，美国发射的"先驱者"10号、"旅行者"1号等宇宙探测器曾相继飞近木星，拍摄了几千张木星的彩色照片。观测资料表明，木星是一个流体行星，它的表面是一个高温高压的液态氢海洋。木星有很强的磁场和辐射带，它的磁极方向正好与地球相反，地球的N极在北极附近，而木星的N极在南极附近。

木星的大红斑

木星是一颗绚丽的星球，它除了有色彩缤纷的条和带之外，还有一块醒目的类似大红斑的标记。大红斑形状有点像鸡蛋，颜色鲜艳夺目，红而略带棕色，有时却又变得鲜红鲜红的。从地球上看去，这个红色标记仿佛是木星的一只"眼睛"。

为了更好地研究木星和木星上这个奇异的巨大红斑，人类先后发射了多个木星探测器。1979年3月和7月，"旅行者"1号和"旅行者"2号先后从木星上空掠过，对红斑进行了详细察看。结果发现，大红斑是一团激烈上升的气流，即大气旋。它不停地沿逆时针方向旋转，像一团巨大的高气压风暴，每12天旋转一周。大红斑十分巨大，南北宽度经常保持在1.4万千

🔺 木星表面奇异的巨大红斑

🔺 木卫一是最靠近木星的一颗行星。

米，东西方向上的长度在不同时期有所变化，最长时达 4 万千米。关于大红斑颜色的成因，科学家们有不同的见解。有人提出那是因为它含有红磷之类的物质；有人认为，可能是有些物质到达木星的云端以后，受太阳紫外线照射而发生了光学反应，使这些化学物质转变成一种带红棕色的物质。

美丽的土星

　　土星是仅次于木星的第二大行星。其最大特征是拥有一个巨大光环，表面的情况与木星相似，通过望远镜可以看到灰色、暗绿色、褐色等条纹以及白色斑点。距太阳9.54个天文单位，公转周期为29.46年，自转周期很短，为10小时14分至18分。外表呈椭圆形，比木星显得扁。土星有很多卫星，在土星升起于土卫五环绕土星运行的第二大卫星的地平线时，太阳位

　　土星是中国古代人根据五行学说结合肉眼观测到的土星的颜色（黄色）来命名的（按照五行学说即木青、金白、火赤、水黑、土黄）。而其他语言中土星的名称基本上来自神话传说，例如在欧美各主要语言中土星的名称来自于罗马神话中的农业之神萨特恩。土星的天文学符号是代表农神萨特恩的镰刀。

🔺 土星像木星一样被色彩斑斓的云带所缭绕，并被较多的卫星所拱卫。土星表面有时会出现白斑。

于左上方，土星的光环在土星表面投下阴影。

土星表面的条纹与木星相同，是由土星外侧的大气及云层形成的。通过观测得知，其大气主要由氢、氦、水、甲烷（wán）、氨等气体及结晶构成。大气温度很低，约为−170℃左右。

土星大气以氢、氦为主，并含有甲烷和其他气体，大气中飘浮着由稠密的氨晶体组成的云。从望远镜中看去，这些云像木星的云一样形成相互平行的条纹，但不如木星云带那样鲜艳，只是比木星云带规则得多。土星云带以金黄色为主，其余是橘黄色、淡黄色等。土星的表面同木星一样，也是流体的。它的赤道附近的气流与自转方向相同，速度可达每秒500米，比木星上的风力要大得多。

土星极地附近呈绿色，是整个表面最暗的区域。根据红外观测得知，云顶温度为零下170℃，比木星低50℃。土星表面的温度约为−140℃。土星表面有时会出现白斑，最著名的白斑是1933年8月发现的，这块白斑出现在赤道区，呈蛋形，长度达到土星直径的1/5。以后这个白斑不断地扩大，几乎蔓延到整个土星表面。

土星的光环

在天文望远镜中，人们可以看到土星的赤道外围是三圈薄而扁平的光环，如同给土星戴了明亮的项圈。这些光环是由无数直径几厘米到几米的冰块和沙砾组成的，大的可达几十米，小的只有几厘米或者更微小。一层冰壳包在它们外面，由于太阳光的照射，形成了迷人的光环。从地球望远镜上见到的土星光环不但明亮、美丽，而且在不断地变化。奇异的土星光环的位置处于土星赤道平面内，类似于地球公转的情况，土星赤道面与它绕太阳运转轨道平面之间有个夹角，这个角呈27°倾斜，土星光环模样的变化即由此造

▲ 土星光环切面图

成，有时"俯视"土星环，这个时候的土星环看上去像一顶漂亮的宽边草帽。

另外一些时候，光环又像一个平平的圆盘，后面部分看不见了，这是因为光环与我们处于同一平面，即使是最好的望远镜也很难看到它的踪影。

在1950年至1951年、1995年至1996年，都是土星环的失踪年。土星环留给我们的不仅是美的享受，还有很多谜团。土星环的结构为什么那么奇异？组成光环的这些物质是土星诞生时的遗物呢，还是土星卫星与小天体相撞后的碎片形成的？这些都有待于人们的进一步研究和考证。

▲ 土星光环

遥远的天王星

　　200多年前，人们一直认为太阳系里只有木星、水星、金星、地球、火星和土星6颗行星。直到1781年3月13日，英国天文学家赫歇尔观测到一颗发绿的星星，起初认为是一颗彗星，经反复观测分析，才肯定这是一颗新的行星。这颗行星后来被命名为天王星，它的直径是地球的4.10倍，绕

▼ 卫星探测天王星假想图

▲ 天王星与地球大小比较

太阳一周需84.01年时间。天王星距离太阳约29亿千米。由于它的出现，太阳系的范围从此扩大了一倍。

天王星是太阳系中温度最低的行星，由岩石与各种成分不同的水冰物质所组成，其组成主要元素为氢，其次为氦。天王星没有土星、木星那样包围在外的巨大液态气体表面及岩石内核，它的金属成分是以一种比较平均的状态分布在整个地壳之内。天王星上有大气层、对流层、磁场、海洋、云，还有四季的变化。与其他的气体巨星，

知识链接

天王星与海王星的相似之处

它们都属于远日行星，也都是冰与气体的行星，寒气的覆盖量大；组成成份很相似：各种各样的"冰"、含有15%的氢和少量氦的岩石。天王星和海王星都有光环，天王星有20条，海王星有5条；天王星和海王星大小也很相近，天王星直径51100千米，海王星直径49500千米。颜色也比较接近，天王星是青绿色的，海王星是蓝色的；海王星的磁场和天王星的一样，位置十分古怪。

🔺 天王星环

甚至是与相似的海王星比较，天王星的大气层是非常平静的。

目前已知天王星环有20个圆环和27颗天然卫星，光环像土星的光环那样有相当大的直径，但其中只有一条比较明亮，其他都像木星的光环一样暗。不同于其他行星的卫星由神话中取名字，所有天王星的卫星都取名自英国剧作家莎士比亚和蒲伯的剧作中。

🔲 被"计算"出的海王星

19世纪中期，有人发现天王星的实际行踪与星图上的位置不一致，这是什么原因呢？1846年，法国天文学家勒威耶提出，天王星的偏离轨迹是因为受到了另外一颗未知行星的吸引。勒威耶根据牛顿万有引力定律，计算出了这颗新的行星的运行轨道。后来，人们根据他的测算，果真发现了一颗新的太阳系行星，这就是海王星。海王星距离太阳十分遥远，有45亿千米，是一颗小小的冰冷的行星。

🔺 海王星

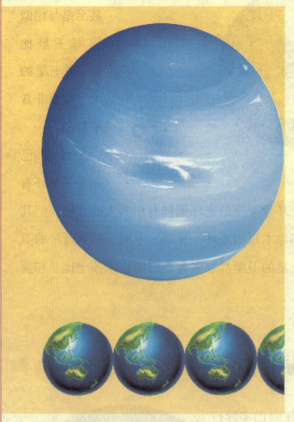

海王星与地球大小比较

海王星以罗马神话中的尼普顿命名，因为尼普顿是海神，所以中文译为海王星。海王星的天文学符号，是希腊神话的海神波塞冬使用的三叉戟。海王星在直径上小于天王星，但质量相对大些，是地球的17.2倍。海王星的公转周期大约相当于164.79地球年。自从于1846年被发现至今，它还没有绕轨道转一整圈。它的自转周期（日）大约是18小时。

海王星外观为蓝色，主要原因是其大气层中的甲烷。它的大气层85%是氢气，13%是氦气，2%是甲烷。海王星可能有一个固态的核，表面覆盖有一层冰。海王星表面温度约–200℃，有磁场和极光，还有太阳系最强烈的风，测量到的时速高达2100千米。

知识链接

海王星的风暴

海王星上会出现风暴。海王星核外面是质量较大的冰包层，再外面是浓密的大气层，大气中主要含有氢，还有甲烷和氦等气体。海王星的大气压力很大，约为地球大气压的100倍，是典型的气体行星，其大气中有许多湍急紊乱的气旋在翻滚，所以海王星上呼啸着按带状分布的大风暴或旋风。海王星上的风暴是太阳系中最快的，时速达到2000千米。

海王星有着暗淡的天蓝色圆环，亮度与土星比相差甚远。海王星已知有13颗天然卫星。其中最大的、也是唯一拥有足够质量成为球体的海卫一在海王星被发现17天以后就被廉·拉塞尔发现了。

目前，仅有一艘宇宙飞船"旅行者"2号于1989年8月25日造访过海王星。我们对海王星的了解几乎都来自于此次探测。所以，对于这个冰冷的蓝星，我们所知甚少。

曾经的第九大行星——冥王星

▲ 冥王星

冥王星是1930年1月由克莱德·董波根据美国天文学家洛韦耳的计算发现的。它原是太阳系中最晚发现的一颗大行星，也是唯一一颗未被探测器拜访过的行星。目前，人们对冥王星的了解很少，由于它距我们太远了，甚至对于它的测量数据还时常在变更。因为它大小恰好介于最大的小行星和最小的大行星之间。于是，很多科学家都质疑冥王星大行星的身份。2006年8月24日，在捷克首都布拉格举行的第二十六届国际天文学联合会大会上，冥王星以237票赞成、157票反对、17票弃权的表决结果，被逐出传统的太阳系九大行星之列，降格到矮行星行列。

　　根据2006年8月24日通过的新定义，"行星"指的是围绕太阳运转、自身引力和自转速度平衡而使天体呈圆球状、能够清除其轨道附近其他物体的天体。而冥王星因为其轨道与海王星相交，因此不符合这一定义。

　　可是，还是有不少科学家对此提出了质疑。他们指出：除了冥王星不能清除它周围的碎片，地球、木星、土星周围也有许多碎片，而这三颗星却没有把它们清除，是不是也应该把地球、木星、土星都排除出行星之列呢？在这次国际会议举行之前的7个月，就有人类第一架探索冥王星的探测器发射成功，预计将在2015年抵达冥王星。也许宇宙探测器到达冥王星之后，会对人们揭开它的谜团有所帮助。

知识链接

矮行星

　　矮行星是由水和气体元素组成的一些低熔点的化合物组成的，其中水的外幔和表面为冰冻状态。矮行星可能有一个岩石质占主要物质组成部分的核心，平均密度较小，体积介于行星和小行星之间，围绕太阳运转，其质量足以克服固体应力以达到流体静力平衡(近于圆球)形状，没有清空所在轨道上的其他天体，同时不是卫星。有的天文学家倾向于把太阳系外围较小的天体称做"矮行星"，而另外一些人则愿意把它们叫做"小行星"，总之，矮行星的定义仍不明确。

流星

　　在太阳系中，存在许多小天体，它们的体积虽小，但和八大行星、矮行星、彗星一样，围绕太阳公转。当它们接近地球时，就有可能以每秒几十千米的速度闯入地球大气层，其上面的物质由于与地球大气发生剧烈摩擦，巨大的动能转化为热能，引起物质电离并发出耀眼的光芒。这就是我

偶发流星

们经常看到的流星。流星一般发生在距地面高度为80千米～120千米的高空中。绝大部分流星的主要成分是二氧化硅（也就是普通岩石），5.7% 是铁和镍，其他的流星是这三种物质的混合物。

造成流星现象的微粒被称为流星体，它们的个体差异极大，小的似尘埃，大的犹如山体。流星体的质量一般很小，比如，产生5等亮度流星的流星体直径约为0.5厘米，质量0.06毫克。肉眼可见的流星体直径在0.1厘米～1厘米之间。

流星一般分为单个流星、火流星和流星雨几种。有时候我们会在夜空中看到单个出现的流星，它们在时间和方向上没有什么周期性和规律性，

🔻 流星看起来很美，其实只是小天体与地球的大气层摩擦形成的。

人们把这种流星叫做偶发流星。

　　流星中特别明亮的又被称为火流星，它实际上是较大的流星体陨落时产生的流星现象，因为其流星体质量较大（质量大于几百克），进入地球大气后来不及在高空燃尽而继续闯入稠密的低层大气，以极高的速度和地球大气剧烈摩擦，产生出耀眼的光亮，像一条火龙。它常进入大气底层甚至成为陨星，更大的火流星还伴有声响，以致在白天也可见，大概火流星可以在天空中最令人惊艳的天文现象中名列前茅。

知 识 链 接

十大令人惊艳的天文现象

日落时的火箭烟痕、流星与极光、阿拉斯加上空的彗星与极光、新月抱旧月、加拿大育空地区的极光、月出西雅图、眼中的宽边草帽星系、不在星系里的恒星、黑极光、乞力马扎罗山上的星光。

流星雨

　　在各种流星现象中最美丽壮观的要数流星雨现象了，当它们出现时，我们用肉眼就能看到无数颗流星像拖着一条条闪光的长尾巴从天空中的某一点落下。流星雨的产生一般认为是由于流星体与地球大气层相摩擦的结果（流星体可以是小行星带上的小行星），流星群往往是由彗星分裂的碎片产生，因此，流星群的轨道常常与彗星的轨道相关。成群的流星就形成了流星雨。流星雨看起来像是流星从夜空中的一点迸发并坠落下来。这一点或这一小块天区叫做流星雨的辐射点。流星雨的名字一般都是按其降落点也就是所谓的辐射点所在的位置命名的，如狮子座流星雨、英仙座流星雨等。

　　流星雨的规模大不相同。有时在一小时中只出现几颗流星，但它们看起来都是从同一个辐射点"流出"的，因此也属于流星雨的范畴；有时在短时间内，在同一辐射点中能迸发出成千上万颗流星，就像节日中人们燃放的礼花那样壮观。当流星雨的每小时天顶流量超过1000时，称为"流星暴"。

▲ 流星雨

　　我国古代关于流星雨的记录大约有180次之多。其中天琴座流星雨的记录大约有9次，英仙座流星雨大约有12次，狮子座流星雨有7次。公元前687年，古书描述天琴座流星雨为"夜中星陨如雨"，这也是历史上最早的关于流星雨的记载。古书《竹书纪年》中写道："夏帝癸十五年，夜中星陨如雨。"《左传》也有相关描述，鲁庄公七年"夏四月辛卯夜，恒星不见，夜中星陨如雨"。　公元461年，《宋书·天文志》记载："大明五年……三月，月掩轩辕。……有流星数千万，或长或短，或大或小，并西行，至晓而止。"

▼ 流星雨

陨 石

　　掉落到地面的质量较大的流星被称为陨星，陨星的大小不一，成分各异。有铁陨星、石陨星，还有玻璃质陨星及陨冰。陨石的来源可能是小行星、卫星或彗星分裂后的碎块，因此，陨石中携带了这些天体的原始材料，包含太阳系天体形成演化的丰富信息。目前，全世界已搜集到了3000多次陨落事件的标本，其中著名的有中国吉林陨石、纳米比亚戈巴大陨铁、美国诺顿陨石等。

　　地球上有许多陨星坑，它们是陨星撞击的产物。然而由于地球上的风化作用，绝大多数早已被破坏得无法辨认了，现在尚能确证的还有150多个。其中最著名的要数坐落在美国亚利桑那州北部荒漠中的一个

🔻 位于美国亚利桑那州的著名林格大陨石坑，它的直径达到1245米。

大陨石坑。它的直径有1245米，深达172米，人们在坑里已搜集到好几吨陨铁碎片。据推算，这是约2万年前一块重10多万吨的铁质陨星坠落所造成的坑洞。

🌑 月球

🔆 月球

月球，又名月亮，是环绕地球运行的唯一的一颗天然卫星，也是离地球最近的天体（与地球之间的距离是384401千米）。人类至今第二个亲身到过的天体就是月球。

月球的年龄大约有46亿年。月球与地球一样有壳、幔、核等分层结构。最外层的月壳平均厚度约为60千米~65千米。月壳下面到1000千米深度是月幔，它占了月球的大部分体积。月幔下面是月核，月核的温度约为1000℃，很可能是熔融状态的。月球直径约为3476千米，是地球的1/4、太阳的1/400，月球到地球的距离相当于地球到太阳的距离的1/400，所以从地球上看去月亮和太阳一样大。月球的体积只有地球的1/49，质量约为7350亿亿吨，相当于地球质量的1/81.3，月球表面的重力约是地球重力的1/6。

月球上没有空气，因为它的重力太小。比如你站在地面上向上投掷东西，东西很快就会落回到地面上来。投掷的速度越快，力量越大，东西飞得就越高。由于月球重力极小，所以，在月球刚刚诞生的时候，即使从岩石缝里渗出了一些空气，也早就跑光了。

我们看到的月亮，有时像弯弯的眉毛，有时又像圆圆的银盘。月亮这种盈亏圆缺的变化，天文学上称为"月相"变化。为什么月亮会经常改变相貌呢？

原来，月球和地球一样，本身都不发光，是靠反射太阳光而发亮的。被太阳照射的一面是明亮的，背着太阳的一面是黑暗的。月球绕着公转中的地球自西向东旋转，日、地、月三者之间的相对位置在不断发生变化，以致月球的明亮半球有时正对着地球，有时又侧对，甚至背向地球。这样，从地球上看去，月亮的形状会发生盈亏圆缺的有规律的变化。月相分别叫做 "新月"或"朔"、

● 在月球上看地球

▲ 弦月

"蛾眉月"、"上弦"、"凸月"、"满月"或"望月"等。

作为地球最亲密的邻居，月球对地球作出了很多贡献。首先，月球为地球增加了很多的新事物：月球绕着地球公转的同时，其特殊引力吸引着地球上的水同其共同运动，形成了潮汐，而潮汐为地球早期水生生物走向陆地帮了很大的忙。其次，月球促进地球形成适宜人类居住的环境：地球很久很久以前，昼夜温差较大，温度在水的沸点与凝点之间，不宜人类居住。然而由于月球的特殊影响，带给了我们宝贵的四季，减小了温度差，从而适宜人类居住。此外，月球已深深渗入人类文化之中，仅我国而言，就有嫦娥奔月、吴刚伐树、玉兔捣药、天狗吃月、朱元璋的月饼起义等传说，与月亮有关的风俗及文艺作品更是不可胜数。

月球的起源

科学界对于月球的起源至今莫衷一是，主要有四种观点：

分裂说。这是关于月球起源的最早假设。1898年，达尔文的儿子乔治·达尔文在《太阳系中的潮汐和类似效应》一文中指出，月球本来是地球的一部分，后来由于地球转速太快，把地球上一部分物质抛了出去，这些物质脱离地球后形成了月球，而遗留在地球上的大坑，就是现在的太平洋。这一观点很快就遭到了一些人的反对。他们认为，以地球的自转速度是无法将那样大的一块东西抛出去的。再说，如果月球是被地球抛出去的，那么二者的物质成分就应该是一致的。可是通过对"阿波罗"12号飞船从月球上带回来的岩石样本进行化验分析，发现二者相差非常远。

同源说。这一假设认为，地球和月球都是太阳系中浮动的星云，经过旋转和吸积，它们同时形成星体。在吸积过程中，地球比月球相应要快一点，成为

△ 分裂说认为，月球曾经是地球的一部分

"哥哥"，这一假设也受到了客观存在的挑战。通过对"阿波罗"12号飞船从月球上带回来的岩石样本进行化验分析，人们发现月球要比地球古老得多。有人认为，月球年龄至少应在53亿年左右。

碰撞说。这一假设认为，在太阳系演化早期，星际空间曾形成过大量的"星子"，星子通过互相碰撞、吸积而合并形

▲ 同源说认为，地球和月亮都是由星云形成的。

成一个原始地球。而后，一次偶然的机会，太阳系中一个小天体以每秒5千米左右的速度撞向地球。剧烈的碰撞使小天体破裂，并以高速度携带大量粉碎了的尘埃飞离地球。飞离地球的气体和尘埃，并没有完全脱

离地球的引力控制，通过相互吸积而结合起来，形成全部熔融的月球，或者是先形成几个分离的小月球，再逐渐吸积形成一个部分熔融的大月球。

俘获说。这种假设认为，月球本来只是太阳系中的一颗小行星，有一次，因为运行到地球附近，被地球的引力所俘获，从此再也没有离开过地球。还有一种接近俘获说的观点认为，地球不断把进入自己轨道的物质吸积到一起，久而久之，吸积的东西越来越多，最终形成了月球。但也有人指出，像月球这样大的星球，地球恐怕没有那么大的力量能将它俘获。

▼ 月球究竟是如何产生的，至今还是未解之谜。下图为卫星探测月球假想图。

月亮的样子

月亮到底是什么样子的呢？月亮离地球有384401千米之远，它的直径只有地球的1/4，过去我们只能从望远镜中观察它的表面，虽然看到不少现象，总是不太清楚。后来，人类发明了宇宙飞船，可以载着人到太空中遨游，这样，人类亲自登上月亮的愿望实现了。

△ 月球地表

1969年7月20日，美国制造的宇宙飞船"阿波罗"11号载着3名宇航员奔向月球，38岁的驾驶长阿姆斯特朗第一个踏上了月亮的土地，接着另一个宇航员奥尔德林也登上了月亮，他们两个人在寸草不长、乱石散布的月亮上面漫游了2小时21分钟，拍摄了月亮上的景色。在月亮上行走、跳跃、乘月球车采集标本，收集了岩石和土壤标本，放置了科学测量仪器，然后乘飞船回到了地球上。这只飞船从离开地球到登上月亮，再回到地球，共用了8天3小时多一点，比在地球上乘轮船横渡太平洋所需的时间还短得多。通过实地考察，现在我们准确地知道，月亮上没有空气，没有水，没有动物和植物。月亮表面有土

△ 宇航员登陆月球

壤，还有山，一片荒凉寂寞。但它内部的温度很高，月震、山崩、火山喷发也时常发生，说明月亮也在活动着。有趣的是，月亮对月面物体的吸引力只有地球对地面物体吸引力的1/6，人到了月亮上，体重也只有地球上的1/6了，走起路来轻飘飘的。由于没有空气，声音没法传播，人在月亮上就是对面说话也是听不见的。月亮上太阳照射面的最高温度是127℃；照不到的背面，最低温度是-183℃，昼夜相差310℃。所以，人到月亮上必须穿特制的宇宙服。

　　为什么中秋节晚上的月亮特别亮呢？因为这时候我国正是秋季，云薄天朗，空气中灰尘少，月光的透视度比其他月份强，所以看起来就觉得很亮。

月球表面的环形山

环形山是月面的显著特征，这个名字是伽利略起的。月球上最大的环形山是南极附近的贝利环形山，直径295千米，比海南岛还大一点。小的环形山可能只是一个几十厘米的坑洞。环形山总面积占月面表面积的7%~10%。关于环形山的形成，主要

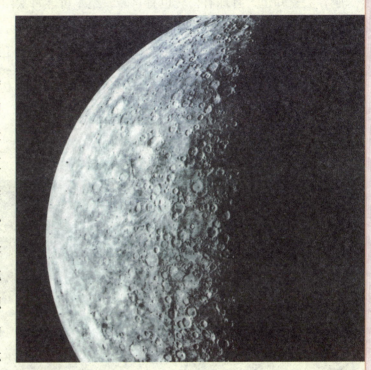

△ 月球表面的环形山

有两种看法："撞击说"与"火山说"。"撞击说"认为月球因被其他行星撞击而形成。"火山说"认为月球上本有许多火山，最后火山爆发而形成了环形山。现在的科学家主张的是"撞击说"。

历次宇宙飞船拍回的月表照片显示，月球表面的环形山分配得极不平均。月球背面的环形山，密密麻麻，一个挨着一个，而且大多数山脉也分布在背面。月球向着地球这一面，环形山出奇得少，而且山脉也不多，几大月海占据了相当大的面积，并且月海平坦得像桌面，找不到一个环形山。

月球的地貌明确告诉我们：来自宇宙深处的陨石，都比较集中地击在月球的背面，而很少光顾月球的正面。难道陨石在袭击月球之前还商量过吗？大家知道，月球有公转也有自转，绝不可能每次陨石都击在背面。考虑到月球的年龄，那么这种地貌分配就更加不可思议了。

专家们认为，月球如果曾经穿行于一条陨石带，由于自转的原因，那么来自哪一个方向的陨石数量都基本相同，决不可能发生陨石集中袭击一面的现象。显然，月球的这种地貌不是自然形成的。

▼ 月球上的陨石坑

日食、月食

日食、月食发生在太阳、月亮和地球处于同一直线上时。当月亮位于太阳和地球之间时，月亮就会遮住太阳光，太阳看上去就像缺了一部分，从而形成日食。当地球行至太阳与月亮之间时，月亮则进入地球的阴影之中，月亮黯然失色，就出现了月食。

▲ 日环食的最长时间是12分24秒。

日食共有三种，即：日偏食、日环食和日全食。月球遮住太阳的一部分叫日偏食。月球只遮住太阳的中心部分，在太阳周围还露出一圈日面，好像一个光环似的，叫日环食。太阳被完全遮住的，叫日全食。这三种不同的日食的发生跟太阳、月球和地球三者的相互变化着的位置有关，并且也决定于月球与地球之间的距离变化。日食只发生在朔，即月球与太阳呈现合的状态时发生。观测日食时不能直视太阳，否则会造成失明。

无论是日偏食、日全食或日环食，时间都是很短的。在地球上能够看到日食的地区也很有限，这是因为月球比较小，它的本影也比较小而短，因而本影在地球上扫过的范围不广，时间不长。由于月球本影的平均长度（373293千米）小于月球与地球之间的平均距离（384401千米），就整个地球而言，日环食发生的次数多于日全食。

月食可分为月偏食、月全食及半影月食三种。月食只可能发生在农历十五前后。当月球只有部分进入地球的本影时，就会出现月偏

◯ 日全食的延续时间不超过7分31秒。

食。地球的直径大约是月球的4倍，在月球轨道处，地球的本影的直径仍相当于月球的

◀ 日全食备受重视，因为它的天文观测价值巨大。科学史上有许多重大的天文学和物理学发现是利用日全食的机会做出的，而且只有通过这种机会才行。最著名的例子是1919年的一次日全食，证实了爱因斯坦广义相对论的正确性。

2.5倍。所以当地球和月亮的中心大致在同一条直线上，月亮就会完全进入地球的本影，而产生月全食。地球的影子分为"本影"和"半影"。月亮在围绕地球运行中，如果只穿过地球的半影，便只会被遮住投射到月面的一部分阳光，这时我们就会看到月亮比原来灰暗一些，但不至于全部看不见，这

🔺 日偏食

就是半影月食。与其他月食现象不同的是，发生"半影月食"时，肉眼看去月亮依旧是圆的，不会有明显的缺失，且照样是亮的，只是其亮度稍有些暗淡，一般凭肉眼是无法观测到的。月球上并不会出现月环食，因为月球的体积比地球小。

一年大约会发生两次月食，每次都是在满月的时候，可维持2小时左右。月食是月球进入地球阴影之中的一种现象，此时处于夜晚之中的地区

🔺 月偏食

都可以看到它。日食是地球位于月球阴影中的现象，由于月球阴影较小，人们观察到日食的地域很狭窄，所以日食的时间很短暂。

知识链接

本影和半影

　　不透明体遮住光源时，如果光源是比较大的发光体，所产生的影子就有两部分，完全暗的部分叫本影，半明半暗的部分叫半影。拿太阳、地球、月球举例，太阳是光源，月球不发光，属于不透明体。当太阳的光在传播过程中被月球遮挡，在其后形成的只有部分光线可以照到的外围区域就叫半影。

▦ 极光的形成

⬥ 极光

　　当夜幕降临时，在极地上空常常燃烧着游动的彩色光带——极光。

　　极光是一种高层大气的发光现象，通常只出现在南北半球的高纬度地区，但中、低纬度地区偶尔也可见到。1957年3月2日晚上7点钟左右，我国黑龙江省漠河一带就出现过几十年少见的极光；同年9月29日到30日夜晚，我国北纬40°以上的广大地区，也曾出现了一次少见的瑰丽的极光。在自然界里，再也没有比极光更绚丽、更迷人的景观了。

极光的形成和太阳活动、地球磁场和高空大气都有关系。由于太阳的

▼ 极光形态多变，有的如光幕，有的像光冕，有的如光斑、光带、光弧，有的似光束、光柱；结构或成片状，或为线状，或为斑状，色彩鲜艳夺目。极光为什么会五彩缤纷呢？这是因为空气是由氧、氮、氢、氖、氦等气体组成的，在带电微粒流的作用下，各种不同的气体所发出的光也不相同，因此就有了各种不同形状和颜色的极光。

激烈活动，放射出无数的带电微粒。当带电微粒流射向地球，进入地球磁场的作用范围时，受后者影响，便沿着地球磁力线高速进入到南北磁极附近的高层大气中，激起空气电离而发光，这就是极光。我们知道，指南针总是指着南北方向，这是因为受地磁场的影响。由于地球的磁极在南北极附近，从太阳射来的带电微粒流，也要受到地磁场的影响，而且总是偏向于地磁的南北两极，所以极光大多出现在南北两极附近。

天文探索

射电望远镜

射电望远镜种类很多，其形状与用反射镜作为物镜的光学反射望远镜大致相同。常用的有抛物面型射电望远镜，它可以集中电波而不集中光。光和电波二者同样都是波，光的波长是

▲ 太空望远镜

▼ 射电望远镜

射电天文学是指以天体发射的电波为研究对象的天文学，主要发展于第二次世界大战以后。射电天文学研究了太阳射电波、银河射电波、类星体等，开辟了"光学窗口"无法了解的新领域。

1/20000厘米~1/30000厘米。与此相比，光学反射望远镜的反射镜面需要更加光滑闪亮。天文学中的电波范围在毫米级到数十米级波长之间。

拉丁美洲的波多黎各有一架射电望远镜，它利用山谷地形张开一张直径约300米的凹形金属网，在网的正中央的高处，吊着一个信号接收装置。

使用射电望远镜受宇宙空间尘埃的影响较小，因此既可观测到用光学望远镜所观测不到的天体情况，又可观测到用光学望远镜观测不到的银河系的中心和更遥远的天体变化。利用射电望远镜还可以接收发自空间探测器上的电波，以此来分析靠近水星表面的变化。

用望远镜能否观测到宇宙的尽头

要弄清楚这个问题，先让我们了解一下宇宙有多大吧。

我们生活在地球上，会以为地球是很大的，可比起太阳来，它的体积仅是太阳的130万分之一。而太阳也只不过是银河系中的一颗普通的恒星，像太阳这样的恒星，在银河系中有1000多亿颗呢。

宇宙是一个包括地球及一切天体在内的无限空间。我们已经知道银河系是很大的，可像银河系这样的恒星系，人类

▲ 用再大的望远镜也看不到宇宙的尽头。

已经发现有10亿多个，而且还有我们尚未发现的其他星系。因此，再大的望远镜也无法看到宇宙的尽头。

20世纪70年代，我们能观测到的最远天体离我们大约100亿光年。我们现在无论用光学望远镜，还是用射电望远镜，都只能看到几百亿光年范围内的天体。当然，随着人类科学技术的发展，我们还可以看到宇宙更远的地方。但由于宇宙是在不断变化的，所以我们无法制造出那么大的望远镜，也不能观测到宇宙的尽头。

世界上最大的反射望远镜

美国帕洛玛山天文台反射望远镜，主径直径为5.08米，聚光度是人眼的50万倍，可以观测到距离为100亿光年的遥远星云。

地球大气的"窗口"

人造卫星

地球周围被一层大气包围着，这层大气约有3000千米厚，它就像是一个屏障，把来自天体的许多辐射都拒之门外。既然如此，我们怎么还能看见光芒四

144

射的太阳、美丽的月亮和闪烁的星星呢? 这是因为地球大气存在一个"光学窗口",也就是说,对于光波来说它是透明的。

那么,地球大气除"光学窗口"之外还有第二个窗口吗? 有,那就是"射电窗口"。波长从几毫米到若干米的电磁波,都可以穿透地球大气到达地面,这就是最近几十年人们才认识到的地球大气第二窗口。这个"射电窗口"的发现完全出于偶然。1932年,一个名叫卡尔·杨斯基的人,用贝尔电话实验室的非常原始的射电天线,接收到来自地球

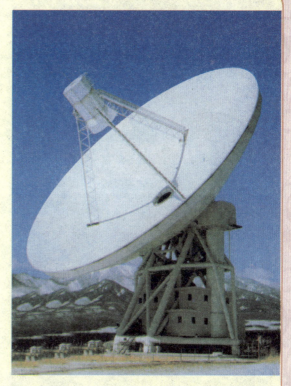

▲ 日本长野野边山射电观测所的射电望远镜,直径45米,是世界上最大的射电天文望远镜之一。

外的射电噪声。后来证明这种噪声是银河系中心的射电发射。由于这个偶然的发现,最近几十年来射电天文得以飞速发展,并且可以和光学天文相匹敌。随后发现了木星射电,从而揭示了行星的强磁场。通过对太阳射电爆发的检测,我们丰富了关于太阳耀斑的知识,绘制了银河系21厘米氢原子图。